Weitere Titel siehe letzte Seite.

Inhalt

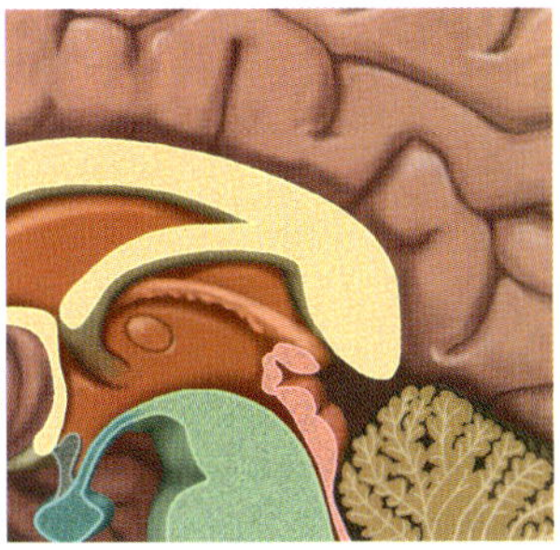

Meisterwerk in fünf Teilen

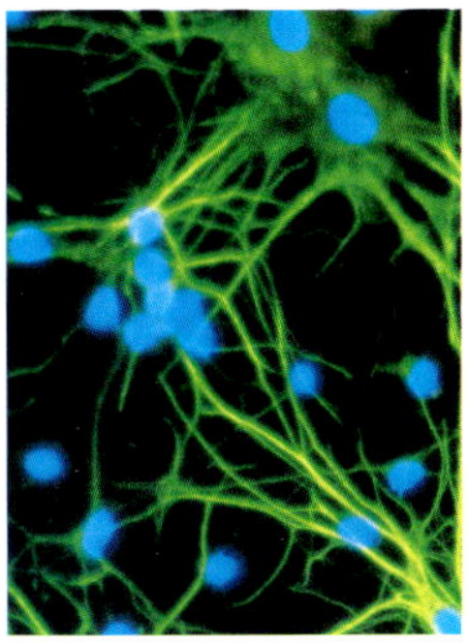

Gehirn im Alltag

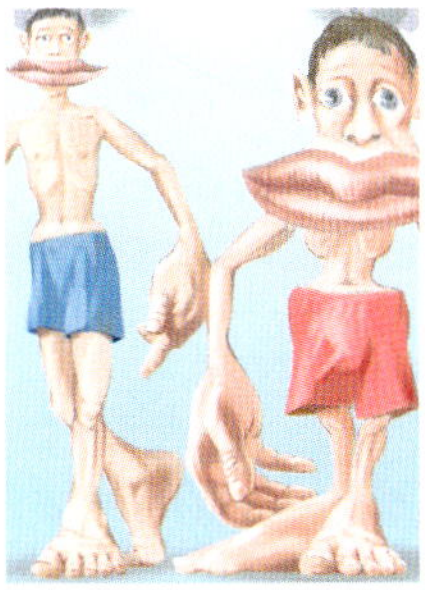

Leistungen des Gehirns

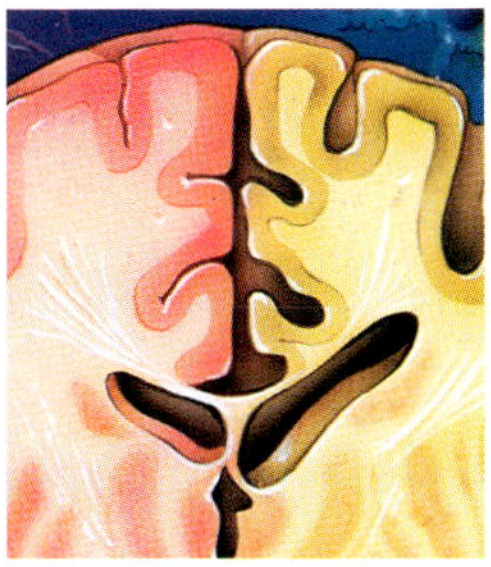

Hirnstörungen

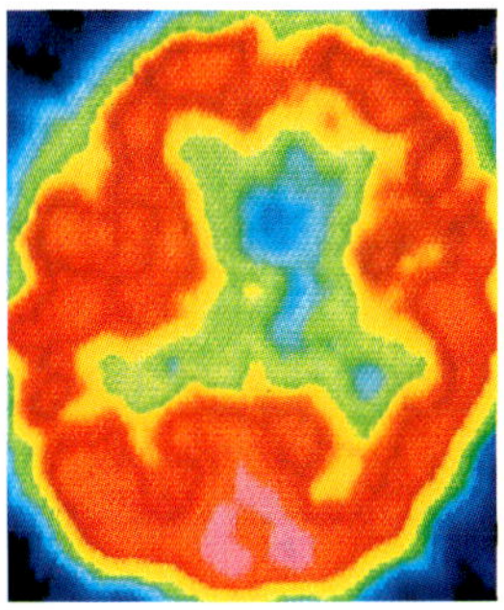

Das Hirn in der Forschung

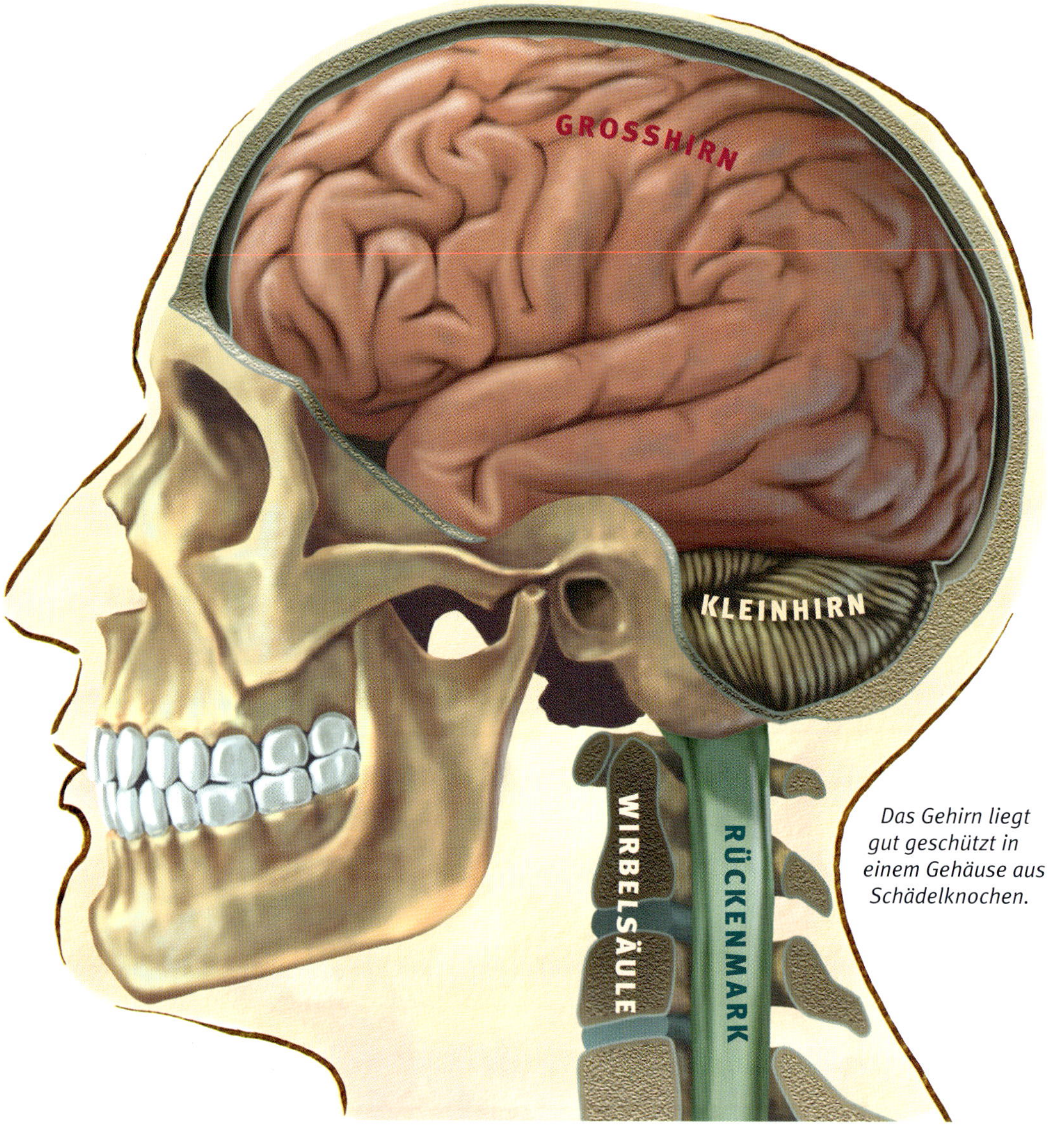

Das Gehirn liegt gut geschützt in einem Gehäuse aus Schädelknochen.

Meisterwerk in fünf Teilen

Was ist das Gehirn?

Das Gehirn des Menschen ist das höchst entwickelte und komplexeste Organ, das die Natur je hervorgebracht hat. Wegen seiner außergewöhnlich vielseitigen Fähigkeiten – im Guten wie im Bösen – ist es sicher auch das faszinierendste Gebilde im menschlichen Körper. Es kann dazu dienen, Kunstwerke zu schaffen oder Kriege anzuzetteln, geniale Berechnungen anzustellen oder Völker zu morden. Ohne sein Gehirn hätte der Mensch weder die ganze Welt besiedeln können, noch würde er versuchen, den Weltraum zu erobern. Als Sitz von Seele und Geist ist es jedoch auch für Hirnforscher immer noch ein Rätsel.

Das Gehirn ist ein Teil des Nervensystems. Über dieses System stehen wir im Kontakt zu unserer Umwelt. Wir brauchen es, um unsere Umgebung wahrzunehmen. Sonst könnten wir nicht sehen oder hören, riechen, schmecken oder fühlen. Ohne Nervensystem würde weder

GEHIRNGRÖSSE

Das Gehirn eines Elefanten wiegt mindestens dreimal so viel wie das eines Menschen, aber ist er deswegen dreimal intelligenter als der Mensch? Das Gehirn der winzigen Spitzmaus hat einen größeren Anteil am Körpergewicht als das des Menschen. Trotzdem ist und bleibt sie ein einfacher Insektenfresser. Weder Größe noch Verhältnis zum Körpergewicht spielen beim Gehirn eine Rolle.

unsere Atmung funktionieren noch die Verdauung. Wir könnten unsere Muskeln nicht gebrauchen, sprächen weder noch bewegten wir uns aktiv fort. Denn all das muss koordiniert werden. Wir wären willenlos und passiv wie ein Schwamm auf dem Meeresgrund - ein primitives Tier, das am Boden festsitzt und sich nicht fortbewegen kann.

Räumlich betrachtet kann man das Nervensystem in zwei Teile gliedern: Das innere (zentrale) mit Gehirn und Rückenmark und das äußere (periphere) Nervensystem. Zu ihm gehören all die anderen Nerven, zum Beispiel der Arme und Beine, sowie Ansammlungen von Nervenzellen. Selbstverständlich gehen beide Systeme Hand in Hand. Ihre Aufgabe ist es, die Informationen unserer Sinnesorgane – Augen, Ohren, Nase, Zunge, Haut – zu verarbeiten und die Aktivität von Muskeln und Drüsen zu koordinieren.

Das Gehirn liegt gut verpackt und stark gefaltet im Kopf. Dass unsere Hirnrinde enorm gewunden und gefurcht ist, spart viel Platz.

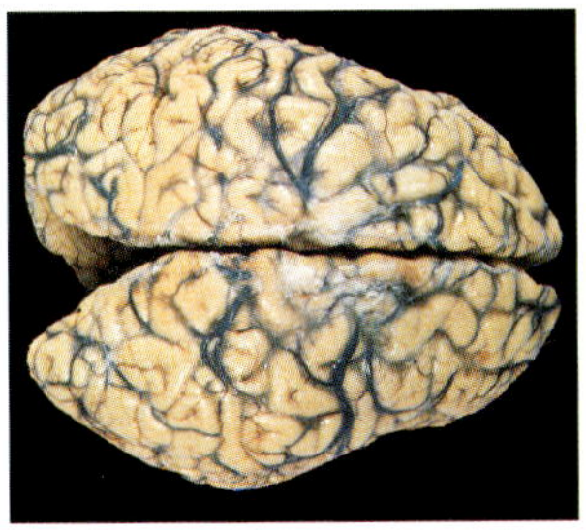

Das GROSSHIRN ist durchzogen von Hirnarterien, die sauerstoffreiches Blut vom Herzen bringen. Sauerstoffarmes Blut wird über Hirnvenen abgeführt und gelangt über die Halsvenen wieder zum Herzen.

Unsere Großhirnrinde ist dünner als eine Orangenschale, nämlich nur 2 Millimeter dick. Aufgrund der unterschiedlich dicht gepackten Nervenzellen teilt man die Rinde in sechs Schichten.

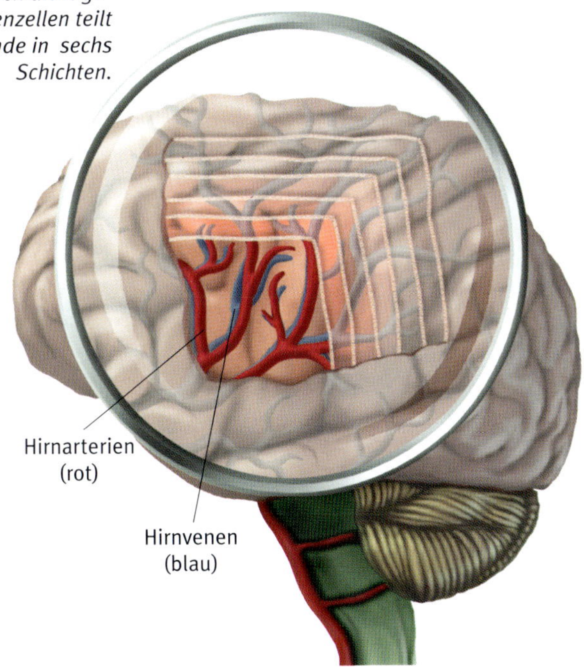

Unsere Großhirnrinde ist sehr stark gefaltet. Würde man sie entfalten, würde sie vier Blatt Schreibmaschinenpapier bedecken. Die eines Schimpansen würde auf ein einziges Blatt passen, die einer Ratte auf eine Briefmarke.

Mehrere Schichten schützen unser Denkorgan: Unter der Kopfhaut, aus der die Haare sprießen, liegt eine relativ stabile Schädelkapsel. Sie wird von der so genannten harten Hirnhaut ausgekleidet, an die sich eine durchsichtige Spinnwebhaut mit der Hirnflüssigkeit schmiegt. Dann folgt die weiche Hirnhaut, die direkt auf dem Gehirn aufliegt.

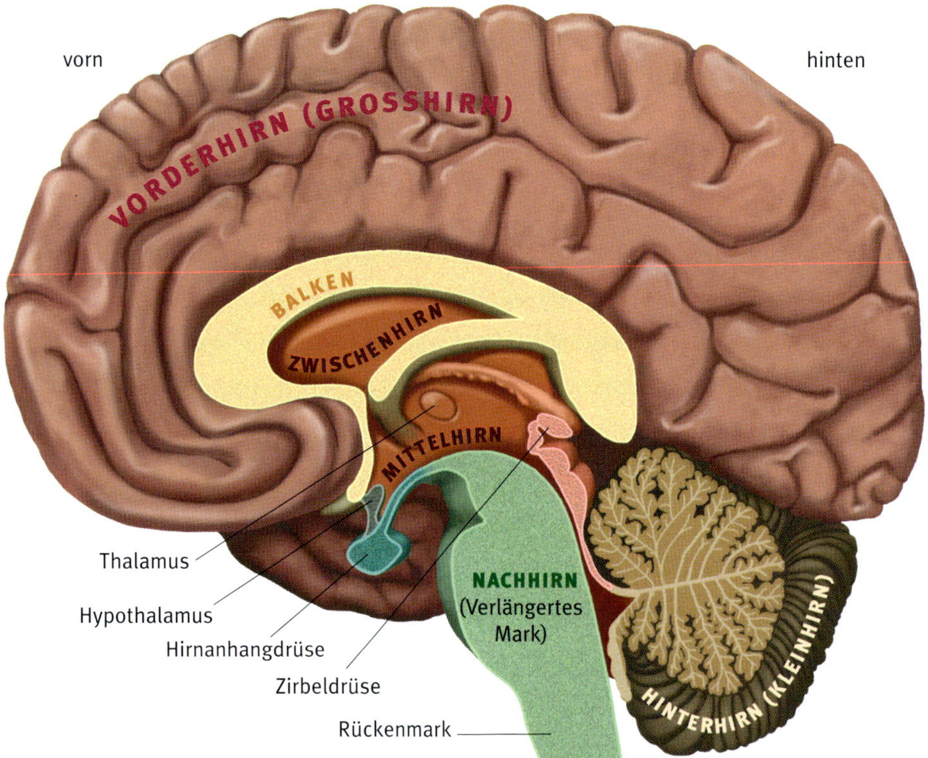

Wie ist unser Gehirn aufgebaut?

Das Gehirn gliedert sich in fünf verschiedene Teile. Von vorn nach hinten betrachtet nennt man sie Vorderhirn, Zwischenhirn, Mittelhirn, Hinterhirn und Nachhirn. Das Vorderhirn, das zumindest beim Menschen den größten Teil des Gehirns ausmacht, heißt deshalb auch Großhirn. Es ist zugleich der höchst entwickelte Teil unseres Denkorgans. Erst durch ihn sind wir in der Lage, geistige Leistungen wie Schreiben und Rechnen, Dichten, Musizieren oder Philosophieren zu vollbringen. Intelligenz in all ihren Ausprägungen wird maßgeblich vom Großhirn bestimmt.

Das Großhirn unterteilt sich in eine linke und eine rechte Hälfte, die man auch Hemisphären nennt. Beide Hälften sind durch mehrere Nervenfaserbündel miteinander verbunden, über die ständig Informationen ausgetauscht werden. (Eine dieser Brücken heißt „Balken".)

Die Aufgaben der beiden Hirnhälften verteilen sich über Kreuz: Die rechte Hirnhälfte kontrolliert die linke Seite des Körpers und die linke die rechte Körperseite. Wenn wir also unseren linken Arm oder das linke Bein heben, ist dafür die rechte Hirnhälfte verantwortlich.

Äußerlich entsprechen sich linke und rechte Hirnhälfte etwa so wie linke und rechte Hand: Sie sind spiegelbildlich (symmetrisch) zueinander. Aber so wie sich deren Rollen unterscheiden – meist dient nur eine Hand zum Schreiben –, so praktizieren auch die beiden Hirnhälften eine Art Arbeitsteilung. Sie sind unterschiedlich spezialisiert. Zum Beispiel ist die Fähigkeit zu sprechen nicht auf beide Seiten gleichermaßen verteilt. Sie konzentriert sich auf die linke Hirnhälfte. Die Orientierungsfähigkeit dagegen, also wie gut wir mit einem Stadtplan umgehen können oder aus einem Labyrinth wieder herausfinden, gehört zum Aufgabenbereich der rechten Hirnhälfte.

Nervensysteme

Die einfachsten Nervensysteme haben Tiere wie Seeanemonen und Quallen. Es sind Netze aus Nervenzellen, die miteinander kommunizieren können. Das markiert einen großen Schritt in der Entwicklung des Lebens: Die Tiere zeigen aktives Verhalten, etwa indem sie ihre Beute einfangen. Die Art der Informationsübertragung funktioniert beim Menschen nach dem gleichen Prinzip wie bei der Qualle. Bei Regenwürmern erkennt man schon erste Ansätze einer „Gehirnbildung": eine Ansammlung von Nervenzellen, die mit Sinnes- und Muskelzellen im Kontakt stehen. Das erkennt man schon an einem simplen Versuch: Berührt man einen Regenwurm, zuckt er zusammen.

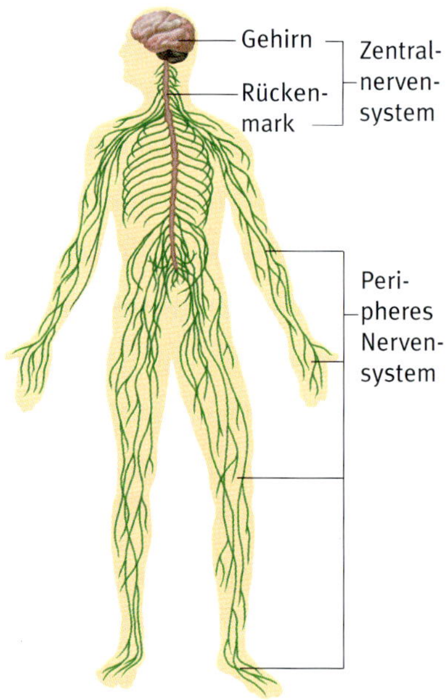

Nervensystem: Gehirn und Rückenmark bilden das Zentralnervensystem. Es ist durch fein verästelte Nerven mit jedem Körperteil verbunden.

Entwicklung des Gehirns der Wirbeltiere

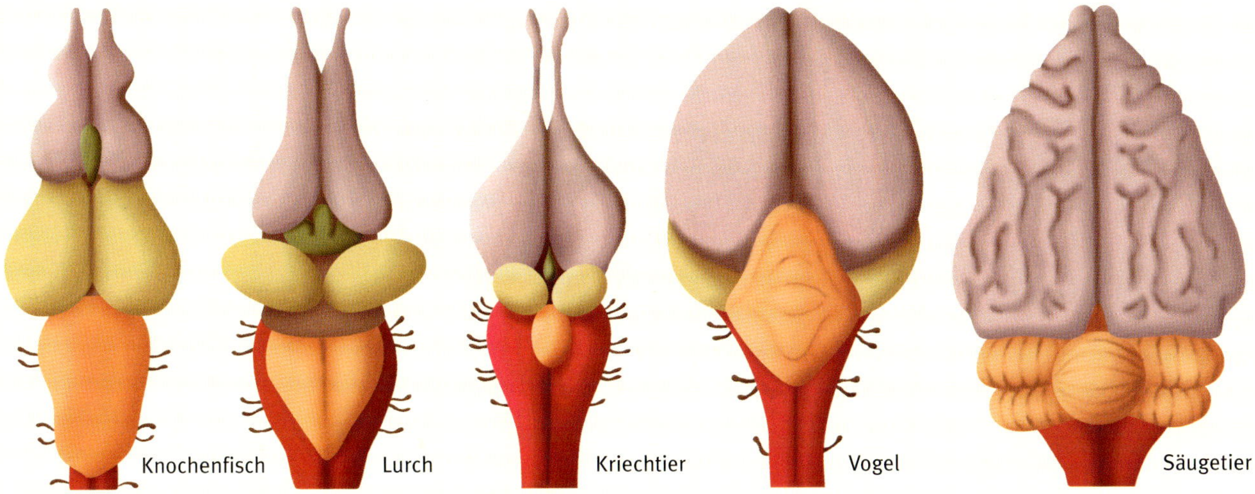

Das Großhirn (rosa) hat sich erst beim Menschen gewaltig entwickelt, während die übrigen Gehirnteile – Zwischenhirn (braun) Mittelhirn (gelb), Hinterhirn (orange), Nachhirn (rot) – schon bei den niederen Wirbeltieren gut ausgebildet sind.

Die HIRNANHANGDRÜSE ist nur so groß wie ein Kirschkern. Doch wenn sie nicht mehr richtig funktioniert, kann sie den Körper gewaltig aus dem Takt bringen. Sie befindet sich 10 Zentimeter hinter der Nase direkt unter dem Großhirn, eingebettet in eine Vertiefung der Schädelhöhle. Sie schüttet u.a. das Wachstumshormon aus. Wenn es zu viel oder zu wenig vorhanden ist, sind Menschen sehr groß oder sehr klein.

Die ZIRBELDRÜSE, auch Epiphyse genannt, reagiert auf einfallendes Licht und stellt danach die innere Uhr. Vögel werden direkt vom Licht stimuliert: Wenn es hell wird, erwachen sie und beginnen zu zwitschern, singen oder – wie der Hahn – zu krähen.

Was sind Thalamus und Hypothalamus?

Das Zwischenhirn besteht aus zwei Teilen, die Thalamus und Hypothalamus heißen. Der Thalamus ist die wichtigste Schaltstelle zwischen den Sinnesorganen und dem Großhirn. Der Hypothalamus hat viele Funktionen. Er regelt zum Beispiel unsere Körpertemperatur und den Wasserhaushalt im Gewebe oder wie viel wir essen und trinken.

Zum Zwischenhirn gehören auch zwei sehr spezielle Drüsen: An der Oberseite liegt die Zirbeldrüse, die für den Schlaf-Wach-Rhythmus wichtig ist. An der Unterseite liegt die Hirnanhangdrüse, die Hormone produziert.

Welche Rolle spielt der Hirnstamm?

Das Mittelhirn bildet mit dem Nachhirn (verlängerten Rückenmark) und Balken den Hirnstamm. Er ist viel einfacher organisiert als das Großhirn. Bei ursprünglichen Wirbeltieren wie Fischen, Kröten oder Krokodilen dient er als Schaltstelle zwischen den Sinnesorganen und Muskeln. Bei den hochentwickelten Säugetieren, zu denen auch der Mensch gehört, wird diese Aufgabe überwiegend vom Großhirn übernommen.

Der Hirnstamm ist aber trotzdem wichtig. Er ist sogar der einzige Teil des Nervensystems, ohne den man nicht überleben kann. Er enthält ein dichtes Netz von Nervenzellen, die an unserer momentanen Bewusstseinslage beteiligt sind. Wenn du zum Beispiel an einem Hund vorbeigehst und Hunde dich überhaupt nicht interessieren, wirst du ihn vielleicht kaum wahrnehmen. Anders ist es, wenn du schreckliche Angst vor Hunden hast: Dann würdest du einen Hund wahrscheinlich schon von weitem sehen und dir überlegen, ob du vielleicht sogar die Straßenseite wechselst.

Worauf wir also unsere Aufmerksamkeit richten, hängt von unseren Erfahrungen ab und wird unter anderem von unserem Hirnstamm vermittelt.

Wo sitzt der „Autopilot“ des Gehirns?

Das Hinterhirn oder Kleinhirn ist eine blumenkohlartige Ausstülpung unter dem Großhirn. Es beschäftigt sich hauptsächlich mit unseren Bewegungen. Egal, ob du Fahrrad fährst, mit einem Ball spielst, auf Bäume kletterst oder Gitarrespielen übst – das etwa 130 bis 140 Gramm schwere Kleinhirn ist dabei. Sobald das Großhirn eine bestimmte Körperbewegung anregt, koordiniert das Kleinhirn die Reihenfolge der beteiligten Muskeln. Falls notwendig, aktiviert es Bewegungsabläufe beim Schwimmen, Rollschuhfahren oder Geräteturnen, die nach gewissenhaftem Training gespeichert wurden. Mit einer Rückmeldung ans Großhirn bewirkt das Kleinhirn schließlich, dass die gewünschte Bewegung ausgelöst wird. Das alles geht blitzschnell und ohne, dass wir es merken. Stell dir mal vor, du möchtest im Sportunterricht über einen Bock springen oder Purzelbäume schlagen und würdest mitkriegen, wie Großhirn und Kleinhirn sich absprechen. Wahrscheinlich bliebest du wie angewurzelt stehen. Das Einüben solcher genau festgelegten Bewegungsabfolgen wäre ohne Kleinhirn nicht möglich – man könnte es darum als „Autopiloten“, eine Art automatische Steuerung, bezeichnen. Ebensowenig könnten wir ohne das Kleinhirn unser Gleichgewicht halten. Das Kleinhirn sorgt außerdem dafür, dass entgegengesetzt wirkende Muskelgruppen wie Beuger und Strecke sich nicht behindern, sondern brav zusammenarbeiten. Da das Kleinhirn die Bewegungsabläufe aber nur indirekt steuert, führt dessen Verletzung nicht zur Lähmung. Allerdings könnten wir dann unsere Bewegungen nicht mehr koordinieren.

Die Katze springt geschmeidig und landet fast immer auf den Pfoten, wenn sie fällt. Verantwortlich dafür ist ihr relativ großes Kleinhirn.

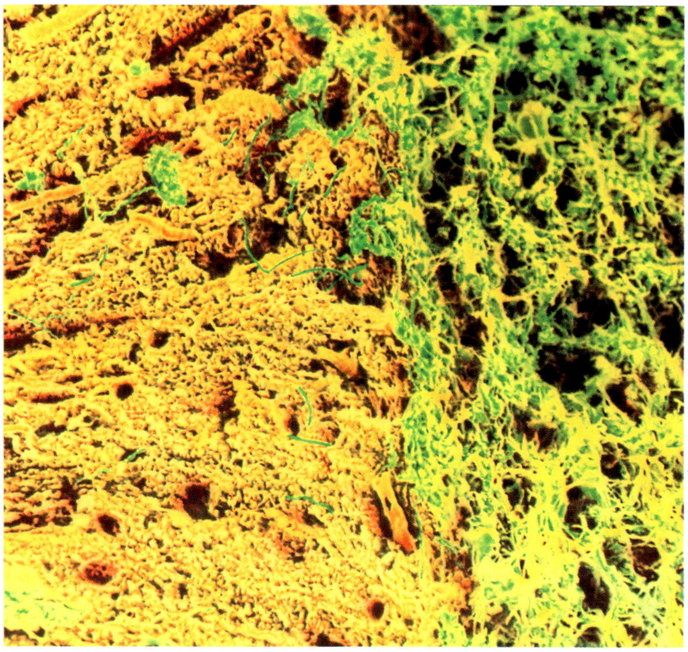

Wie im ganzen Zentralnervensystem kann man im Vorderhirn eine graue Substanz mit Zellkörpern (hier grünlich) von einer weißen Substanz (gelblich), die aus Nervenfasern besteht, unterscheiden.

Zur LÄHMUNG kommt es, wenn die Rückenmarksnerven durch einen Unfall oder eine Krankheit geschädigt werden. Dann ist die Verbindung zu den entsprechenden Körperpartien unterbrochen. Sie werden „taub“, das heißt, der Mensch kann sie nicht mehr fühlen. Außerdem kann er seine Bewegungen nicht steuern.

REFLEX

Wenn wir etwas Heißes anfassen, leiten die Sinneszellen, die unter der Haut liegen und den Reiz wahrnehmen, die Information an das Rückenmark weiter. Dort wird sie verarbeitet: Das Rückenmark sendet eine Botschaft an die Armmuskeln, die Hand sofort zurückzuziehen. Diese automatische Reaktion auf einen Reiz, an der das Gehirn nicht direkt beteiligt ist, nennt man einen Reflex.

Welche Aufgaben hat das Rückenmark?

Das Nachhirn, das auch verlängertes Mark heißt, verbindet das Rückenmark mit den darüber liegenden Hirnteilen und steuert lebenswichtige Reflexe – zum Beispiel Niesen, Schlucken, Erbrechen oder Husten. Auch andere lebenswichtige Funktionen wie Atmen, Blutdruck und Herzfrequenz werden von hier aus vorgegeben.

Das Rückenmark ist ein etwa fingerdicker Strang aus Nervengewebe in der Wirbelsäule. Ein Querschnitt durchs Rückenmark sieht aus wie ein grauer Schmetterling in einem weißen Kreis. Die so genannte graue Substanz enthält die Zellkörper. In der weißen Substanz verlaufen Zellfasern, die in ein Bindegewebe eingebettet sind.

Das Rückenmark vermittelt zwischen Kopf und übrigem Körper. So leitet das Rückenmark die Signale der Sinnesorgane, die außerhalb des Kopfes liegen, zum Gehirn, das sie dann verarbeitet – etwa was unsere Hände tasten. Umgekehrt meldet es die Anweisungen des Gehirns an die Muskeln.

Zum Rückenmark gehören 31 Nervenpaare, die jeweils zwischen zwei Wirbeln aus der grauen Substanz heraustreten. Diese besteht aus Zellkörpern und wird umhüllt von der weißen Substanz mit Nervenfasern und Bindegewebe.

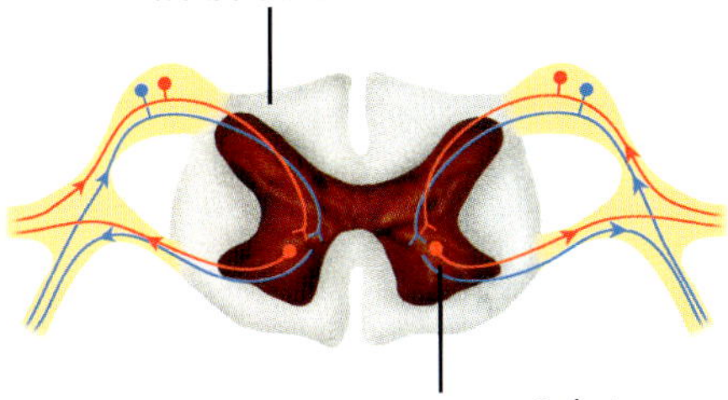

Der Querschnitt des Rückenmarks mit grauer und weißer Substanz.

Knochenmark hat mit dem Rückenmark direkt nichts zu tun, auch wenn beide ähnlich heißen. Knochenmark ist ein weiches Gewebe im Innern des Knochen. Dort entstehen die weißen und roten Blutkörperchen, die für das Immunsystem und für die Versorgung mit Sauerstoff wichtig sind.

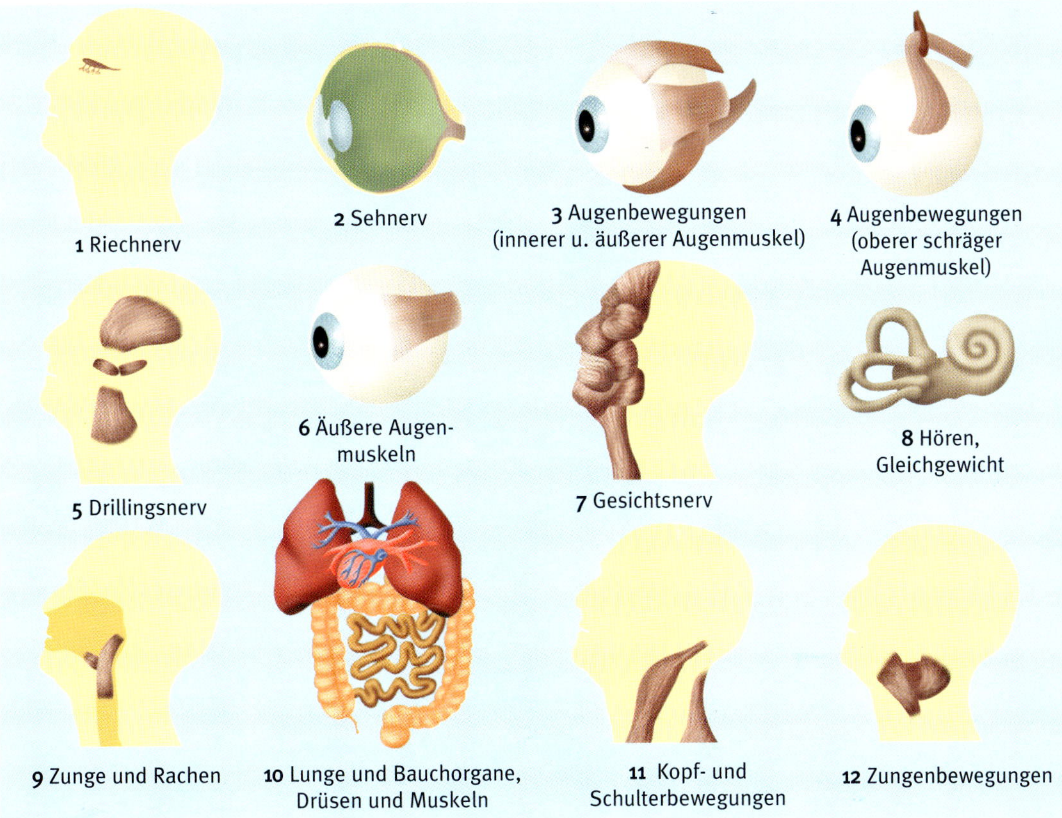

Die 12 Hirnnervenpaare

Die Hirnnervenpaare, insgesamt 12, entspringen direkt im Gehirn (im Gegensatz zu den 31 Nervenpaaren des Rükkenmarks). Sie leiten Sinnesreize wie Hör- und Sehimpulse zum Gehirn; einige von ihnen leiten auch Bewegungsimpulse zur Gesichtsmuskulatur.
Die Bilder zeigen die Körperteile, mit denen sie verbunden sind.

Wie ist eine Nervenzelle aufgebaut?

Unser Gehirn ist ein Wunder der Kommunikation und des Nachrichtenaustauschs. Es ist wie ein Marktplatz, auf dem viele Menschen zusammentreffen und sich alles Mögliche zu erzählen haben: Neuigkeiten, Erinnerungen, Tratsch.

Um zu verstehen, welche Vorgänge unterm Haarschopf ablaufen, muss man sich mit der kleinsten Einheit des Gehirns beschäftigen: mit der Nervenzelle, die man auch Neuron nennt. So eine Zelle unterscheidet sich von anderen Körperzellen durch einige Besonderheiten. Sie sieht schon ganz anders aus: etwas „ausgefranst“ oder wie ein Wurzelballen. Das liegt an den vielen fädigen Auswüchsen des Zellkörpers. Außerdem beherrscht sie die Kunst, Signale weiterzuleiten. Über ihre verzweigten Fortsätze hält sie Kontakt zu anderen Zellen und empfängt oder sendet Botschaften.

Die Nervenzellen sind von zahlreichen kleinen Hilfszellen (Gliazellen) umgeben, die mehrere Funktionen haben. Als eine Art Bindegewebe stützen und ernähren sie die Nervenzellen und isolieren sie voneinander. Eine weitere Besonderheit der meisten Nervenzellen ist, dass sie sich wenige Wochen nach der Geburt nicht mehr teilen bzw. vermehren können. Zerstörtes Nervengewebe kann deshalb nicht nachwachsen und ist in der Regel ein für alle Mal verloren. Es wird von den Gliazellen ersetzt. Diese können sich zwar immer wieder teilen, sind aber nicht in der Lage, Signale weiterzuleiten.

Das Gehirn des Menschen besteht aus über 100 Milliarden Nervenzellen. Das ist eine wahrlich astronomische Zahl. In der Milchstraße tummeln sich etwa 100 Milliarden Sterne. Kannst du dir vorstellen, dass dein Gehirn ungefähr so viele Nervenzellen enthält wie die Milchstraße Sterne? Wenn man die Gliazellen hinzuzählt, wird die Zahl noch gigantischer: Es sind etwa eine Billion Zellen in deinem Kopf, die zusammen das Gehirn bilden.

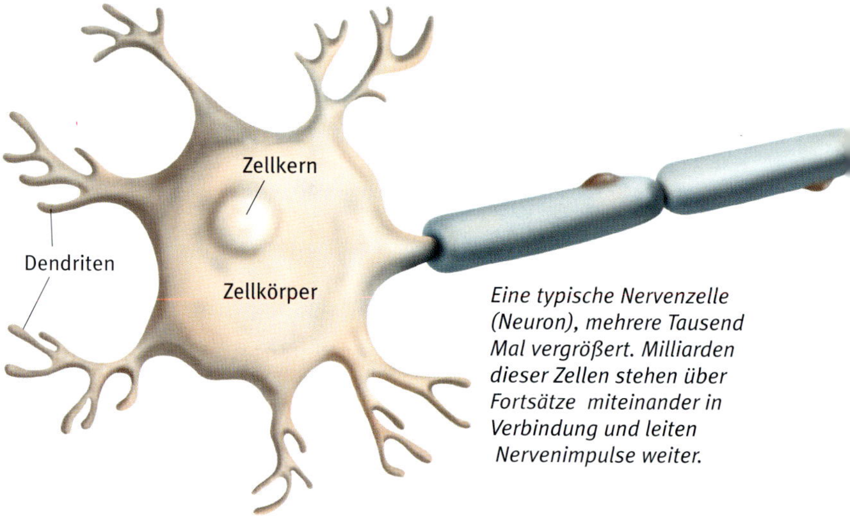

Eine typische Nervenzelle (Neuron), mehrere Tausend Mal vergrößert. Milliarden dieser Zellen stehen über Fortsätze miteinander in Verbindung und leiten Nervenimpulse weiter.

Aus einer Nervenzelle sprießen bis zu 1000 Fortsätze, die man Dendriten nennt. Sie empfangen die Signale der benachbarten Zellen und übermitteln sie an den Zellkörper. Dort liegt der Kern, der den Stoffwechsel steuert und die notwendige Energie bereitstellt.

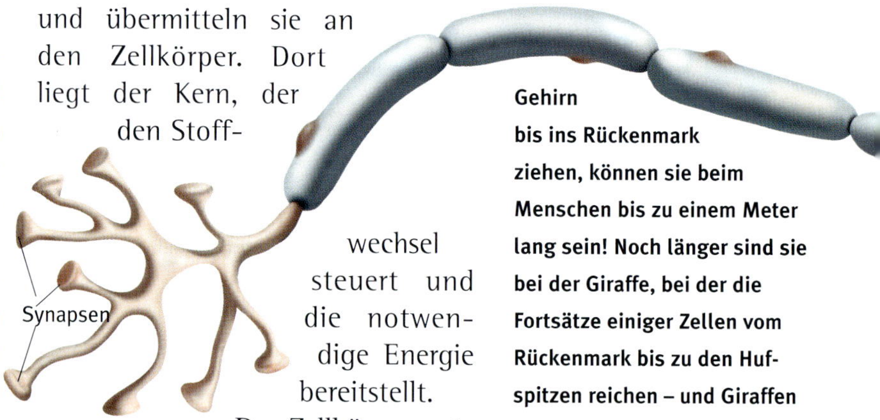

Der Zellkörper entspricht in etwa einem Telefonapparat, mit dem du über unzählige Leitungen andere Apparate anklingeln und Informationen austauschen kannst. Vom Zellkörper wird die Botschaft über eine spezielle Faser an andere Zellen weitergeleitet. Diese Faser, die länger ist als die relativ kurzen Dendriten, heißt Axon. Sie verzweigt sich auch und mündet in

LANGE AXONE

Die Ausläufer der Nervenzellen können sehr lang werden. Wenn sie vom Gehirn bis ins Rückenmark ziehen, können sie beim Menschen bis zu einem Meter lang sein! Noch länger sind sie bei der Giraffe, bei der die Fortsätze einiger Zellen vom Rückenmark bis zu den Hufspitzen reichen – und Giraffen werden etwa 5 Meter groß!

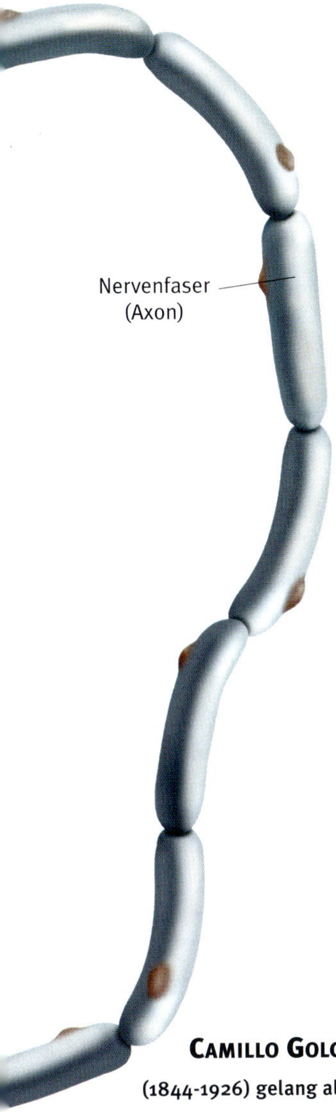

kugelförmig verdickten Enden. Das sind Kontaktstellen, an denen die Information von einer Zelle zur nächsten übertragen wird. Man nennt sie auch Synapsen. Diese Kontaktstellen liegen über den kürzeren Fortsätzen der Nachbarzellen, also über den Dendriten, die ja die Signalempfänger sind.

Zwischen den Kontaktstellen und Dendriten ist ein kleiner Zwischenraum – der synaptische Spalt. Diesen Spalt könnte man als ein kleines Hindernis bezeichnen, weil die Information nicht direkt von einer Zelle zur nächsten übertragen werden kann. Um diesen Spalt zu überbrücken, muss die Information umgewandelt werden. Aber das hat durchaus seinen Sinn, wie wir im nächsten Abschnitt sehen werden.

Wieso kann eine Nervenzelle Signale übermitteln?

Nervenzellen besitzen die besondere Fähigkeit, elektrische Signale (Impulse) zu leiten. Dabei handelt es sich um einen physikalisch-chemischen Vorgang, ähnlich wie bei der Leitung von Strom. Strom fließt nur aufgrund unterschiedlich geladener Teilchen, wodurch eine Spannung entsteht.

Auch zwischen Nervenzellen herrschen „spannende" Verhältnisse. Das Innere einer Zelle, die Zellflüssigkeit, enthält positive und negative Teilchen. Der Raum zwischen zwei Zellen auch. Wegen der unterschiedlichen Zusammensetzung der Teilchen ist das Zellinnere negativ geladen. Außerhalb der Zelle bzw. im Raum zwischen den Zellen überwiegt die positive Ladung. Die Zellmembran, die das Neuron überzieht und als Grenze zwischen innen und außen wirkt, wird dadurch polarisiert in eine negative Innen- und positive Außenseite.

Dieser Zustand, mit negativer Innen- und positiver Außenseite, ist der so genannte Ruhezustand der Zellmembran (man spricht auch von Ruhepotential). Er muss in allen Zellen dauernd aufrechterhalten oder wiederhergestellt werden. Der Ruhezustand entspricht einem Telefon mit aufgelegtem Hörer: jederzeit bereit zu klingeln oder selbst zum Telefonieren genutzt zu werden.

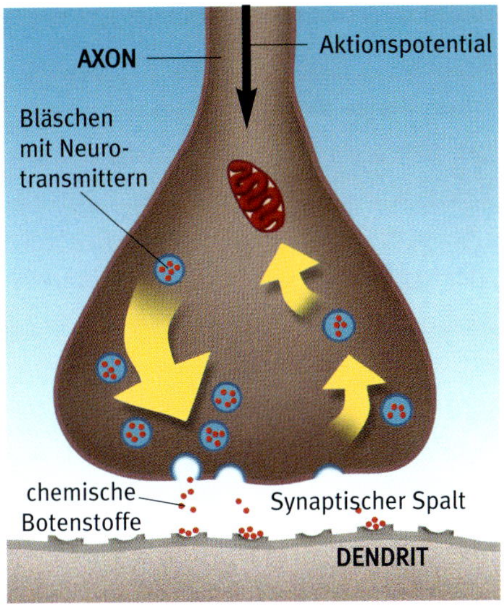

Über den synaptischen Spalt gelangen elektrische Signale zur Nachbarzelle.

Das Gegenteil ist das Aktionspotential der Zelle: Es dient dazu, Informationen weiterzuleiten. Beim Telefonieren wäre das der Moment, nachdem du gewählt hast und das Tuten hörst. Zugleich klingelt bei jemand anderem das Telefon.

Damit aus einem Ruhezustand ein Aktionspotential wird, geschieht etwas sehr Interessantes: Die Ladungsverhältnisse an der Zellmembran kehren sich kurzfristig um. Das heißt, das Innere wird positiv, das Äußere negativ. Plötzlich strömen nämlich viele positive Teilchen (Natrium-Ionen) von außen in die Zelle und laden sie positiv auf.

Camillo Golgi (1844-1926) gelang als jungem Arzt zufällig, was die Neurowissenschaft enorm voranbrachte: Er machte in einem

Versuch den Grundbaustein des Gehirngewebes sichtbar – den Zelltyp, den man als Nervenzelle oder Neuron bezeichnet.

Diese Spannungsumkehr bzw. das Aktionspotential ist ein Signal wie Telefonklingeln. Allerdings dauert es nur den Bruchteil einer Sekunde. Kaum ist das passiert, stellt die Zelle den Ruhezustand wieder her. Nur so kann sie weitere Signale empfangen.

Dazu fließen positive Teilchen (diesmal Kalium-Ionen) aus der Zelle nach draußen, bis drinnen die negativen Teilchen wieder in der Mehrheit sind. Das ist so, wie du nach dem Telefonieren den Hörer wieder auflegst. Sonst könntest du keine weiteren Nachrichten empfangen, und jemand, der versucht, dich anzurufen, würde dauernd das Besetztzeichen hören.

Wie gelangt eine Botschaft von einer Nervenzelle zur nächsten?

Es ist in etwa wie bei einem Staffellauf, bei dem aber statt eines Holzstabs Informationen übertragen werden. Der Unterschied ist jedoch, dass die Information nicht gleichbleibend wie der Stab weitergereicht wird. Sie wechselt zwischen zwei Zuständen, je nachdem, wo sie sich befindet. Über die Nervenfaser (Axon) bewegt sie sich in Form von elektrischen Impulsen (Aktionspotentiale). Da diese den Übergang von einer Zelle zur nächsten (synaptischen Spalt) nicht überspringen können, musste sich die Natur etwas einfallen lassen. An den Kontaktstellen (Synapsen) werden die elektrischen Signale umgewandelt in chemische Signale, so genannte Botenstoffe.

Ein Aktionspotential könnte man mit einem reitenden Boten in einer Zeit vergleichen, als es weder Eisenbahn, noch Auto oder Flugzeug gab. An Land war ein Pferd das schnellste Verkehrsmittel. Der Kurier (das Aktionspotential) reitet also im Galopp seinen Weg (das Axon) entlang, bis er auf einen Fluss (synaptischen Spalt) stößt. Der Fluss ist zu breit, um drüberzuspringen, zu tief, um hindurchzureiten, und eine Brücke gibt es nicht. Für den Reiter ist der Fluss also ein unüberwindbares Hindernis. Nicht aber für einen durchtrainierten Schwimmer,

Das AKTIONSPOTENTIAL erreicht immer eine bestimmte Höhe von rund 120 Millivolt (Milli = Tausendstel). Zum Vergleich: In der Steckdose ist die Spannung mit 220 Volt mehr als tausendmal größer.

Die Läufer beim Staffellauf sprinten jeweils nur ein kurzes Stück der Strecke, die der Stab zurücklegt. Ähnlich ist es bei den Botenstoffen, die ein Signal von einer Zelle zur nächsten übertragen: Sie absolvieren relativ kurze Sprints.

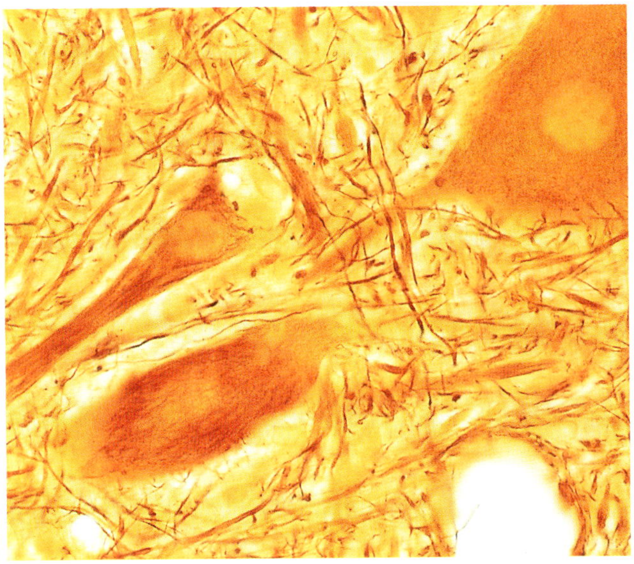

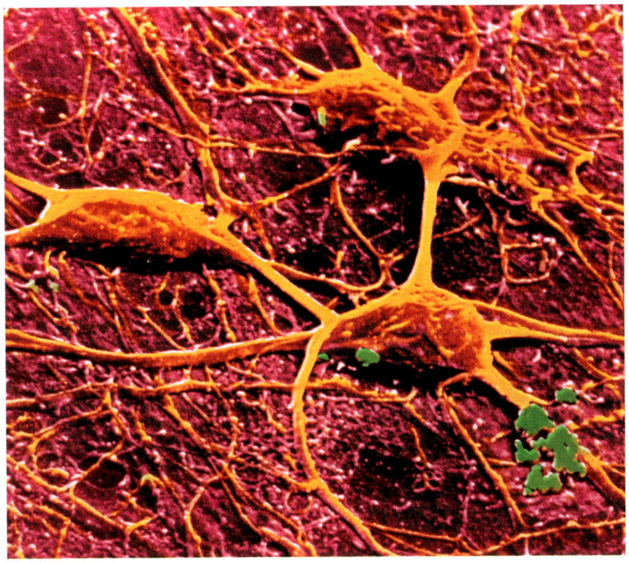

Auf beiden Aufnahmen von Gewebe der menschlichen Großhirnrinde sind jeweils drei Nervenzellen sichtbar (rund 3600-mal vergrößert). Neuronen kommen in unterschiedlichen Größen und Formen überall im Nervensystem vor.

Zellen und Zahlen

Ein Stück Gehirn von der Größe eines Reiskorns enthält eine Million Nervenzellen, 10 Milliarden Kontaktstellen (Synapsen) und Nervenfasern, die zusammengenommen mehr als 30 Kilometer lang sind. Jede dieser Nervenzellen steht mit 10 000 anderen Zellen in Verbindung.

der am Ufer an einer Übergabe-Station (Synapse) auf den Reiter wartet. Er übernimmt die Nachricht und bringt sie auf die andere Seite des Flusses. Dort wartet der nächste Reiter, übernimmt die Botschaft und sprengt davon. Bis er auf den nächsten Fluss trifft und die Nachricht wieder abgibt – an einen der schwimmenden Boten.

Das Praktische beim Staffellauf ist, dass jeder nur eine relativ kurze Strecke sprinten muss und hinterher neue Kräfte für den nächsten Einsatz sammeln kann.

Im Nervensystem dienen spezielle Moleküle dazu, die im Aktionspotential enthaltene Botschaft über den synaptischen Spalt zu transportieren. Sie heißen Neurotransmitter (Neuro = Nerv, Transmitter = Überträger). Physikalisch betrachtet bewirken die Neurotransmitter, dass sich an der Membran der Nachbarzelle – „am anderen Ufer" – die Ladungsverhältnisse verändern. Dadurch gerät diese Nervenzelle aus dem Ruhe- in den Erregungszustand, bildet also ebenfalls ein Aktionspotential.

Wie werden die Nachrichten verschlüsselt?

Kennst du das Spiel „Stille Post"? Ein unterhaltsames Spiel, bei dem man sich gegenseitig etwas zuflüstert. Einer denkt sich ein paar Sätze aus und sagt sie seinem Sitznachbarn ins Ohr. Der sagt's dem nächsten usw. Da jeder nur einen Teil der Wörter versteht und behält, geht zwischen den Spielern eine Menge Information verloren. Am Ende kommt irgendetwas Unsinniges heraus, was mit den ursprünglichen Sätzen kaum noch etwas zu tun hat. Nicht auszudenken, wenn unser Nervensystem wichtige Informationen nach dem Stille-Post-Prinzip weitergeben würde. Um so einen Datensalat zu verhindern, wird die Information in ausgeklügelter Weise verschlüsselt. Weitergeleitet werden nur Aktionspotentiale, die immer gleich groß sind. Das heißt, die Nervenzelle funktioniert nach dem „Alles-oder Nichts-Prinzip": Entweder ist sie im Ruhe- oder im Erregungszustand. Dazwischen gibt es nichts.

Hirnstromkurven, die durch Elektroden vom Schädel abgeleitet werden, ermöglichen Rückschlüsse auf die Gehirntätigkeit bei der Verarbeitung von Sinnesreizen.

Das EEG (Hirnstrombild) spielt nicht nur bei der Untersuchung der normalen Gehirnaktivität eine wichtige Rolle, sondern dient auch zum Nachweis von Hirnstörungen, wie Epilepsie oder Geschwüren (Hirntumoren).

Ob ein Reiz stark oder schwach ist, verdeutlicht die Nervenzelle über die Häufigkeit des Aktionspotentials. Je stärker der Reiz, desto mehr Aktionspotentiale übermittelt sie pro Zeiteinheit. Und die Häufigkeit (Frequenz) ist ein eindeutiges Maß, mit dem sich über weite Strecken Informationen übermitteln lassen, ohne dass sie verloren gehen. Nach diesem Prinzip werden Musik und Sprache im Radio übertragen. Das Aktionspotential ist also die Antwort der Nervenzelle auf eine Veränderung in der Umwelt, auf einen Reiz.

Stell dir vor, du stehst am Straßenrand und wartest, dass die Fußgängerampel auf Grün springt. Der Moment, in dem das geschieht, ist der Reiz, auf den bestimmte Zellen der Augen mit einem Aktionspotential reagieren. Er wird in Windeseile weitergeleitet: von den Augen zum Gehirn, im Gehirn von einem Ort zum anderen und von dort in die Beinmuskeln. Nun kannst du über die Straße gehen. Ohne Aktionspotential kann kein Nervensystem funktionieren, egal ob beim Menschen oder Tier.

Diese Kommunikationsmethode lässt sich noch verfeinern. Beim Staffellauf könnte der Bote auch ans andere Ufer schwimmen, mit einer Nachricht, die lautet: kein Einsatz. Der Reiter darf sich ausruhen, das Pferd bleibt im Stall. So funktioniert das auch bei der Nervenzelle.

Der Botenstoff kann zweierlei Nachrichten übermitteln. Entweder ruft er an der Nachbarmembran ein Aktionspotential hervor. Oder er macht genau das Gegenteil, indem er das Ruhepotential kurzfristig verstärkt. Im ersten Fall sprechen Wissenschaftler von einem erregenden Potential (abgekürzt EPSP), im zweiten von einem hemmenden Potential (IPSP).

Um die Stärke eines Reizes zu demonstrieren, funktionieren die chemischen Botenstoffe nach einem anderen Prinzip als das Aktionspotential mit seiner immer gleichen Höhe. Bei den Botenstoffen ist die Menge schrittweise verstellbar. Sie häufen sich an. Erst, wenn ihre Summe einen bestimmten Schwellenwert überschreitet, kommt es zu einem Aktionspotential und damit zu einer Informationsweiterleitung.

In der FREQUENZ – der Zahl der Aktionspotentiale pro Zeiteinheit – spiegelt sich die Intensität wider, mit der eine Nervenzelle Signale aussendet. Einige Neuronen können bis zu 500 Aktionspotentiale pro Sekunde (500 Hertz) abfeuern; üblicher sind jedoch Frequenzen zwischen 10 und 50 Hertz. Eine Nervenzelle, die nur ein bis zwei Aktionspotentiale pro Sekunde abfeuert, gilt als langsam.

Was ist ein EEG?

Die elektrische Aktivität unseres Gehirns ist messbar. Dazu dient das Hirnstrombild (Elektronencephalogramm, kurz EEG). Es zeichnet Spannungsschwankungen auf, die mit Hilfe von Elektroden von der Kopfhaut abgeleitet werden.

Bei einem wachen Menschen zeigt sich schon ein deutlicher Unterschied im EEG, je nachdem, ob er die Augen offen oder geschlossen hält. Bei geschlossenen Augen zeichnet der Schreiber relativ langsame Wellen auf, die einen größeren Ausschlag (Amplitude) haben als die schnelleren Wellen. Diese treten bei offenen Augen auf.

Die im Hirnstrombild gemessenen Spannungsschwankungen sind keine Aktionspotentiale, sondern EPSP (siehe Seite 14), die in den Kontaktstellen zwischen zwei Nervenzellen (Synapsen) entstehen.

Wie weit entwickelt ist das Gehirn eines Neugeborenen ?

Beim Fötus im Mutterleib entsteht das Gehirn aus einer Zellschicht, die sich erst einmal zu einem rohrförmigen Gebilde umformt („Neuralrohr"). Aus ihm stülpen sich fünf Bläschen, aus denen sich dann die fünf Hirnteile Vorder-, Zwischen-, Mittel-, Hinter- und Nachhirn entwickeln. So entsteht nicht nur das Gehirn des Menschen, sondern das Gehirn aller Wirbeltiere.

Obwohl die Mehrheit der Nervenzellen bei Geburt schon vorhanden ist, wiegt das Gehirn eines Babys nur ein Viertel des Erwachsenenhirns: rund 400 Gramm. Nach einem Dreivierteljahr wiegt es doppelt so viel. Bei fünf bis siebenjährigen Kindern ist das Gehirn fast ausgewachsen und wiegt dann ungefähr 1300 Gramm. Sein endgültiges Gewicht erreicht es im Alter von zehn Jahren. Die Angaben über das durchschnittliche Hirngewicht beim Menschen schwanken zwischen 1100 und 1600

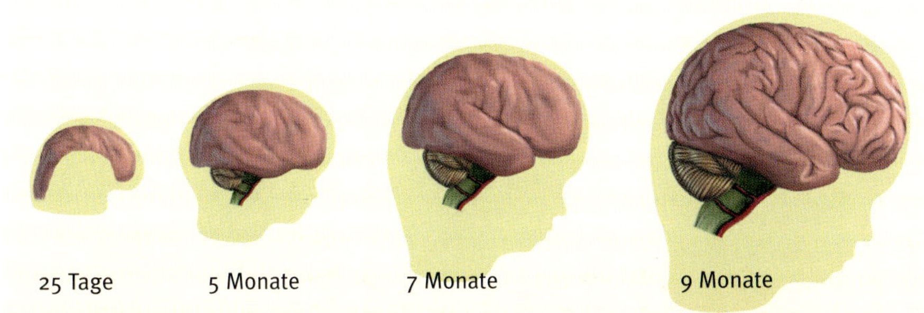

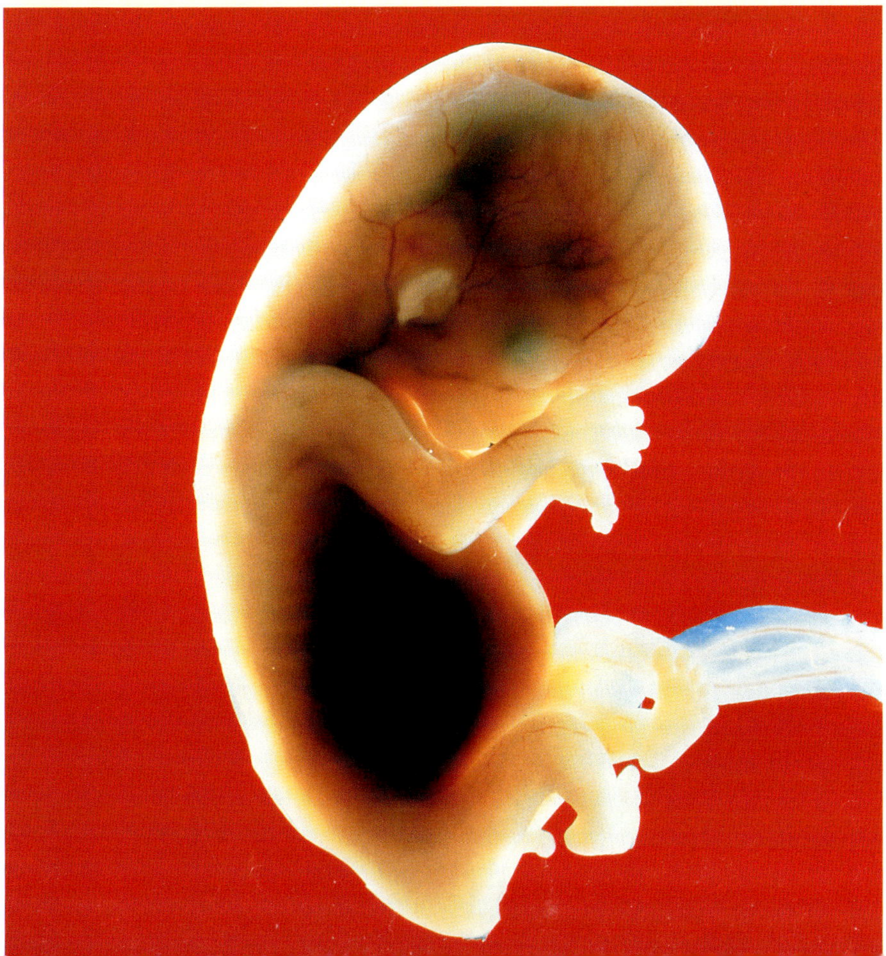

Bei diesem nur wenige Wochen alten Fötus ist das Gehirn in Umrissen erkennbar. Oben ist schematisch die Entwicklung des menschlichen Gehirns bis zur Geburt dargestellt.

Gramm. Der Gewichtsunterschied zwischen dem Hirn eines Babys und dem eines Erwachsenen kommt unter anderem dadurch zustande, dass die Nervenzellen beim Baby nicht ausgewachsen sind. Sie vergrößern sich noch und bilden außerdem viele Fortsätze und Verknüpfungen.

Bis Anfang der 80er Jahre des 20. Jahrhunderts galt die Theorie, dass sich die Nervenzellen im Gehirn nach einer Art Schaltplan verknüpfen. Das Muster dieses Plans sei in den Erbanlagen vorgegeben, und das Gehirn könne erst arbeiten, wenn die Verbindungen stünden. Inzwischen haben Wissenschaftler herausgefunden, dass sich das Hirn anders entwickelt. Es beginnt mit vorläufigen Verbindungen zwischen den Nervenzellen. In einem Wechselspiel aus Erfahrungen mit der Umwelt und Wachstumsvorgängen, die im Erbgut programmiert sind, verstärken die Nervenzellen ihre Kontakte untereinander. Das gilt für die Verbindungen, die sich als nützlich erweisen. Andere dagegen, die sich nicht bewähren, werden aufgelöst. Die kleinen „grauen Zellen“ knüpfen ihre Beziehungsnetze also in gewissem Maße selbst und eigenverantwortlich.

Damit die Nervenzellen später zuverlässig und schnell funktionieren, müssen sie aktiv sein. Das Gehirn bzw. der Säugling braucht deshalb unbedingt Anregungen. Wichtig ist eine Vielfalt von Reizen, die die Sinne von Säuglingen ansprechen. Wenn ihre Neugierde und Aufmerksamkeit geweckt werden – zum Beispiel durch Ansprechen, Auf-den-Arm-Nehmen, Bilderzeigen – steigt die Aktivität im Gehirn. Verknüpfungen ändern sich oder entstehen ganz neu.

Unter umgekehrten Bedingungen kann sich die Entwicklung sehr verlangsamen. Das haben Untersuchungen an Babys gezeigt, die während ihres ersten Lebensjahres von den Eltern wenig beachtet wurden. Mehr als 85 Prozent dieser Kinder konnten im Alter von drei Jahren noch nicht laufen.

Je stärker ein Neuron verästelt ist, desto mehr Verbindungen kann es mit anderen Nervenzellen eingehen. Im Verlauf des normalen Alterungsprozesses werden diese Verknüpfungen weniger.

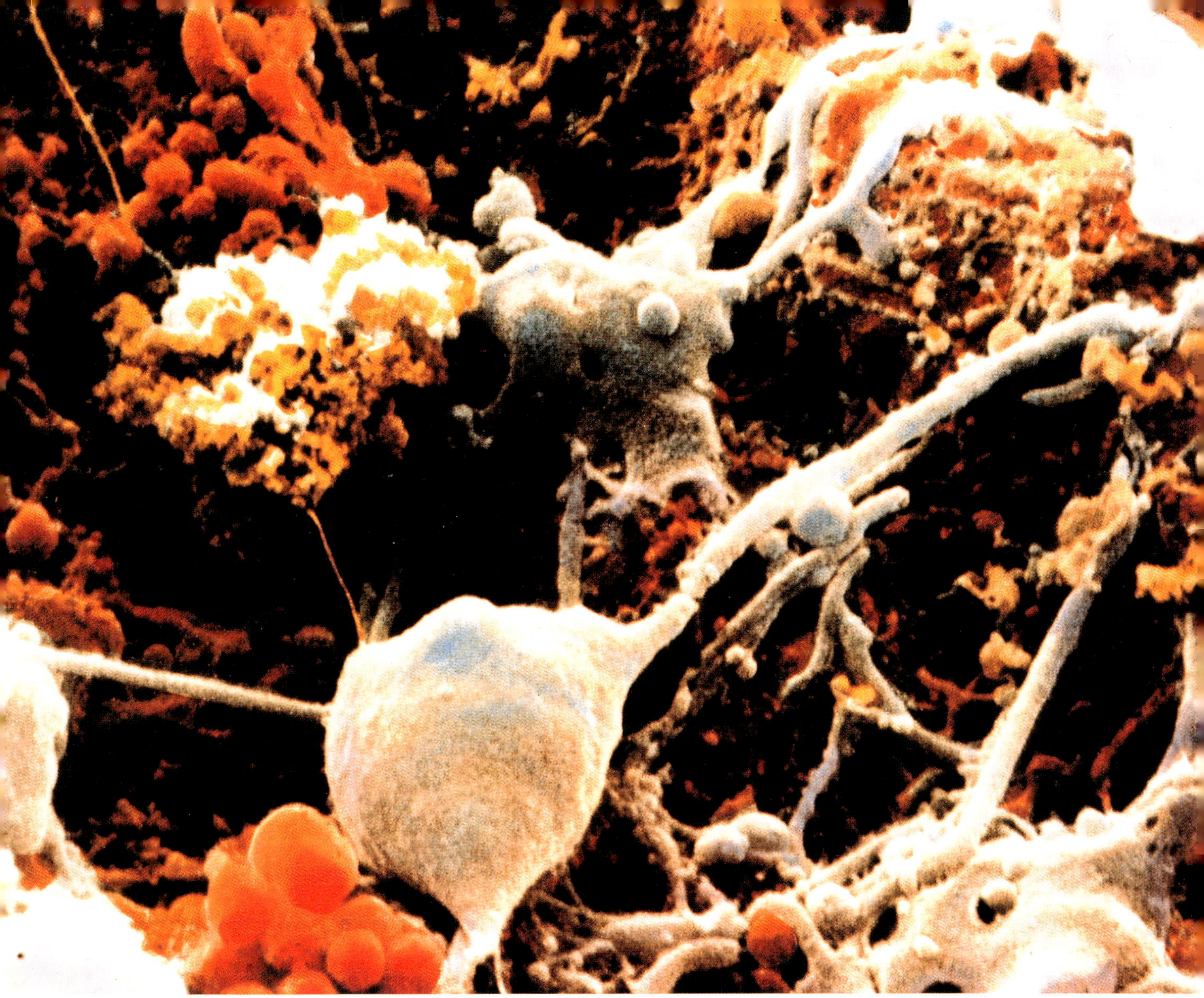

Komplex verknüpfte Nervenzellen: die Basis aller Hirnfunktionen

Gehirn im Alltag

WAHRNEHMUNG

Lange Zeit war unklar, wie das Gehirn arbeitet, wenn man sich etwas nur vorstellt, aber nicht wirklich vor sich sieht. Ist es ein Unterschied, wenn du in einer Bäckerei eine Torte betrachtest oder dir bei Appetit in Gedanken eine ausmalst? In einem Versuch konnte nachgewiesen werden, dass die Stelle im Gehirn, die Sinneseindrücke aus den Augen empfängt, auch dann aktiv ist, wenn man sich etwas einbildet.

Wie sehen wir die Welt?

Jedes Lebewesen, egal ob Mensch oder Tier, kann immer nur einen Teil seiner Umwelt wahrnehmen. Je nach Spezialisierung seiner Sinnesorgane erschließt sich ihm nur ein bestimmter Ausschnitt der Welt. Wir Menschen sind zum Beispiel „Augentiere".

Unser Gehirn ist bestens für die Verarbeitung von Lichtsinnesreizen ausgestattet. Genau genommen gilt das aber nur bei Tage beziehungsweise für Helligkeit. Im Dunkeln nämlich, wo für uns „alle Katzen grau sind", übertreffen eben jene Katzen oder Eulen uns beträchtlich an Sehfähigkeit. Sie unterscheiden mehr Grautöne als wir. Dafür spielen Farben bei ihnen eine untergeordnete Rolle.

Menschen dagegen leben in einer bunten Welt. Dabei ist nicht mal das Kriterium Farbe ein objektives, unverrückbares Merkmal, sondern „Ansichtssache". Ein Schneeglöckchen und eine weiße Rose sind für uns gleich weiß. Eine Biene sieht beide Blumen ganz anders. Insekten wie sie nehmen nämlich auch ultraviolettes Licht wahr, das für uns unsichtbar ist. Sie sehen zwei verschiedene Farben, weil die Blütenblätter einer Rose anders strukturiert sind als die eines Schneeglöckchens. Hätten wir die Augen einer Biene, sähen wir beide Blüten in verschiedenen Lilatönen.

Insektengehirne, so winzig sie nach unserem Maßstab sind, verarbeiten Bildinformationen zudem schneller als wir. Wo für uns hintereinander gezeigte Bilder zu einem Film verschwimmen, unterscheiden Insekten noch einzelne Bilder. Stell dir vor, du könntest mit einer Honigbiene sprechen und sie mit ins Kino nehmen. Nach kurzer Zeit würde sie gähnen und sagen: „Was ist denn das für 'ne langweilige Diashow?“ Die Filmgeschwindigkeit von rund 30 Bildern pro Sekunde ist für ihre hoch entwickelten Komplexaugen zu langsam. Um einer Biene einen interessanten Kinoabend zu gestalten, müsste man über 200 Bilder pro Sekunde zeigen, und für manche Libellenarten sogar über 400 Bilder.

Für Honigbienen ist es lebenswichtig, dass sie viel mehr Blütenfarben wahrnehmen als wir.

Wie wir unsere Umwelt wahrnehmen, hängt nicht nur mit den Sinnesorganen zusammen. Die Wahrnehmung hat auch eine persönliche Komponente. Welche Informationen unserer Sinne auch immer auf uns einströmen – sie alle werden im Gehirn gefiltert und weiterverarbeitet. Was dann in unser Bewusstsein dringt, ist also keineswegs ein Abbild unserer Umwelt. Eher ein Extrakt der Verarbeitungsprozesse in unseren Hirnwindungen – angereichert mit Erfahrungen und Vorstellungen über die Welt, wie wir sie erleben. Man könnte das auch als persönliches Gesamtkunstwerk bezeichnen, ein Mosaik unserer Außen- und Innenwelt.

Wie entsteht ein Bild in unserem Kopf?

Wenn du im Sportunterricht an einem Ballspiel teilnimmst, konzentrierst du dich besonders auf das hin- und hersausende runde Ding. Wahrscheinlich wirst du den Ball nicht aus den Augen lassen. Deine Augen sind also das Eingangstor für die vielen Informationen, die dein Gehirn blitzschnell während des Spiels verarbeitet: Du siehst Farben, Formen oder Bewegungen in unterschiedlicher Geschwindigkeit und reagierst darauf, indem du versuchst, den Ball selbst zu fangen oder deinem Mitspieler den Rücken freizuhalten. Aber bevor du so weit bist, müssen deine Augen aktiv sein. Alles, was du siehst, wird auf die Netzhaut im Augeninneren übertragen.

Die Netzhaut besteht aus über 120 Millionen von Sehzellen, die man in zwei Gruppen einteilt: Zapfen und Stäbchen. Beide Zelltypen

Als ULTRAVIOLETTES LICHT bezeichnet man die Sonnenstrahlen, die z.B. unsere Haut bräunen. Bei zu hoher Dosis führen sie zum Sonnenbrand und können der Haut schweren Schaden zufügen.

Die SEHGRUBE ist eine kleine Einbuchtung in der Mitte des Augenhintergrunds, wo die Sehzellen besonders dicht stehen. Hier ist die Sehschärfe optimal.
In der Sehgrube von Greifvögeln findet man bis zu fünfmal mehr Zellen als in der von Menschen. Der Adler hat sogar zwei Sehgruben!

Zahlreiche Künstler haben „Augenfallen“ erfunden, Zeichnungen von unmöglichen Objekten. Diese Drei-Balken-Konstruktion kann nicht existieren.

Am BLINDEN FLECK der Netzhaut sammeln sich die Fasern aller Ganglienzellen und treten als Sehnerv aus dem Auge aus. Hier gibt es keine Sinneszellen, die eine Abbildung registrieren könnten. Trotzdem „sehen" wir kein Loch, sondern der fehlende Bildteil wird im Gehirn aus der Umgebung ergänzt.

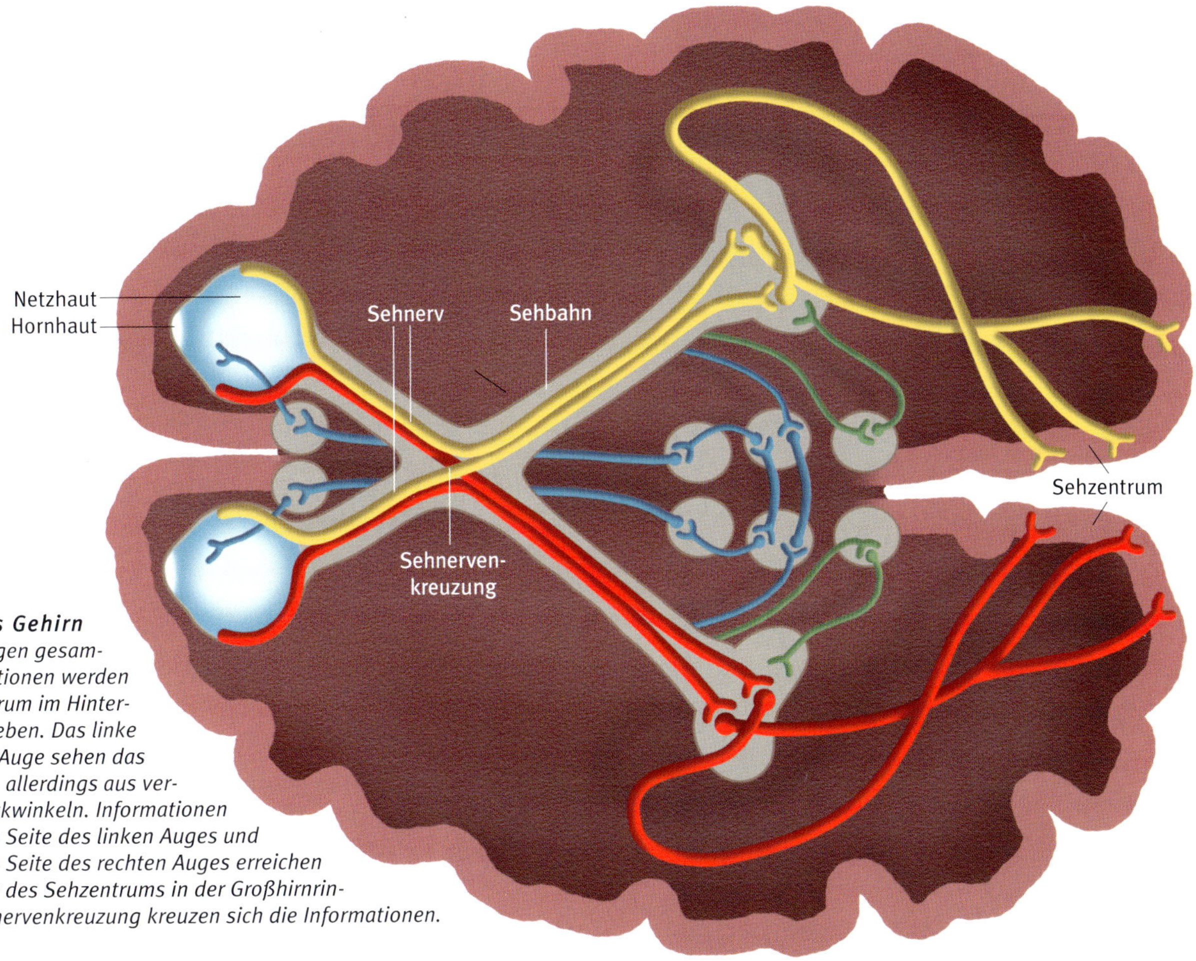

Vom Auge ins Gehirn
Die von den Augen gesammelten Informationen werden an das Sehzentrum im Hinterkopf weitergegeben. Das linke und das rechte Auge sehen das gleiche Objekt, allerdings aus verschiedenen Blickwinkeln. Informationen von der rechten Seite des linken Auges und von der rechten Seite des rechten Auges erreichen die rechte Seite des Sehzentrums in der Großhirnrinde. An der Sehnervenkreuzung kreuzen sich die Informationen.

TEST :

Halte dieses Buch mit ausgestrecktem Arm von dir weg und schließe das rechte Auge. Blicke auf den rechten Kreis und führe das Buch langsam näher ans Auge heran. Der linke Stern verschwindet, wenn sein Abbild sich auf dem blinden Fleck im Auge befindet. Er erscheint wieder, wenn du das Blatt weiter heranführst.

sind Spezialisten für verschiedene Aufgaben. Die eher zapfenförmigen Zellen sind dazu da, Farben zu unterscheiden. Die länglichen Stäbchen halten Hell und Dunkel auseinander, sind aber „farbenblind". Die Zapfen brauchen viel Licht, um arbeiten zu können. Deshalb können wir bei Dunkelheit keine Farben mehr erkennen. Die Sehzellen sind genau genommen umgewandelte Nervenzellen; das heißt, sie können elektrische Signale empfangen und weiterleiten. Man könnte den Vorgang des Sehens vielleicht mit dem Verschlüsseln von Informationen in Klopfzeichen vergleichen: Das, was du siehst, wird in elektrische Signale umgewandelt und über den Sehnerv vom Auge ans Gehirn geleitet. Im Sehnerv vereinigen sich etwa eine Million Axone der Netzhaut. Es sind die Fasern

von verschiedenartigen Nervenzellen, die sich zu so genannten Ganglienzellen zusammengeschlossen haben. Die Sehnerven beider Augen treffen hinter der Augenhöhle aufeinander und überkreuzen sich teilweise. So gelangt zum Beispiel die Information über einen von links heranfliegenden Ball auf die rechte Seite des Gehirns. Wie schon gesagt, ist die Information verschlüsselt und der Ball existiert nicht als „Bild" im Gehirn, sondern in Form von elektrischen Impulsen. Die Verarbeitung der Informationen geschieht im Zwischenhirn, im Sehzentrum der Großhirnrinde und weiteren Arealen. Dabei sind noch viele Fragen offen, etwa wie unser Eindruck von einem schnell fliegenden Ball entsteht und wie wir ihn von den herumspringenden Mitspielern trennen können.

Hunde haben eine viel größere Riechschleimhaut als der Mensch – darum ist sie auch viel stärker gefaltet. Noch krasser ist der Unterschied, wenn man die Riechzellen zählt: Beim Menschen sind es 5 Millionen, beim Dackel 125 Millionen!

Wie gut können wir riechen?

Unser Geruchssinn ist nicht so gut entwickelt wie der mancher Tiere. Berühmt für ihre Spürnasen sind zum Beispiel Hunde oder Schweine. Hunde erschnüffeln verschüttete Menschen unter Lawinen oder eingestürzten Häusern. Im Dienste der Polizei finden Hunde auch Drogen oder Sprengstoffe. Schweine führen ihren Herrn zu den bei Feinschmeckern so begehrten Trüffelpilzen, die unsichtbar unter der Erde wachsen und die wir nicht riechen können.

Die Wahrnehmungsschwelle für einen Geruchsreiz liegt beim Hund erheblich niedriger als beim Menschen: Schon ein Teilchen (Molekül) eines Duftstoffes in einem Kubikmillimeter Luft kommt im Hundehirn als Signal an. Wir brauchen mindestens 10 Millionen Moleküle pro Kubikzentimeter Luft, damit unser Riechzentrum im Gehirn angesprochen wird. Das bedeutet aber noch nicht, dass wir den Geruch dann erkennen und einordnen können. Dazu ist eine viel höhere Dosis nötig, die je nach Duftstoff schwankt. Immerhin 10 000 Geruchsnoten können Menschen unterscheiden, aber nur wenige mit Worten benennen. Das könnte daran liegen, dass die Verbindung zwischen Sprech- und Riechzentrum nicht besonders ausgeprägt ist.

Gut verbunden ist das Riechzentrum jedoch mit dem Gedächtnis; beide Bereiche tauschen Informationen miteinander aus. Deshalb verknüpfen wir Erinnerungen oft mit Düften. Umgekehrt kann ein bestimmter Geruch in uns ein Ereignis wachrufen, das viele Jahre zurückliegt.

Die Riechschleimhaut ist mit Geruchssinneszellen besetzt, deren Fortsätze den Riechnerv bilden. Der Riechnerv mündet im Vorderhirn.

Unser Geschmackssinn ist am wenigsten entwickelt, denn die Geschmacksknospen auf der Zunge und der Innenseite des Mundes unterscheiden nur zwischen süß und sauer sowie bitter und salzig.

Wie anders können Tiere die Umwelt wahrnehmen?

In unserer Umwelt gibt es viele Reize, für die wir gar keine „Antennen" bzw. Sinnesorgane haben. Zugvögel wie Störche oder Kraniche sind berühmt für ihre Navigationskünste. Sie haben so etwas wie einen Kompass im

Schlangen können mit einer Sinnesgrube zwischen Augen und Nase feinste Wärmestrahlungen wahrnehmen und so ihre Beute auch in völliger Dunkelheit finden.

Kopf, mit dem sie sich am Magnetfeld der Erde orientieren können. Das ermöglicht ihnen, Langstreckenflüge von mehreren Tausend Kilometern zurückzulegen. Klapperschlangen verfügen ebenfalls über besondere Fähigkeiten: Sie „sehen“ Temperaturunterschiede, weil sie am Kopf mit entsprechenden Sinnesorganen ausgestattet sind – kleinen Vertiefungen in der Haut. Mit ihnen können sie Warmblüter wie Mäuse oder Kaninchen orten – ihre bevorzugte Beute.

Haie, Rochen und andere Fische bemerken sogar elektrische Felder. Ein Hai fühlt mit Hilfe seines Elektrosinns, der rund um die Schnauze sitzt, die elektrische Spannung, die etwa durch den Herzschlag eines Fisches erzeugt wird. Solche Beispiele zeigen, dass Tiere – je nach Art – in einer ganz anderen Welt leben als wir.

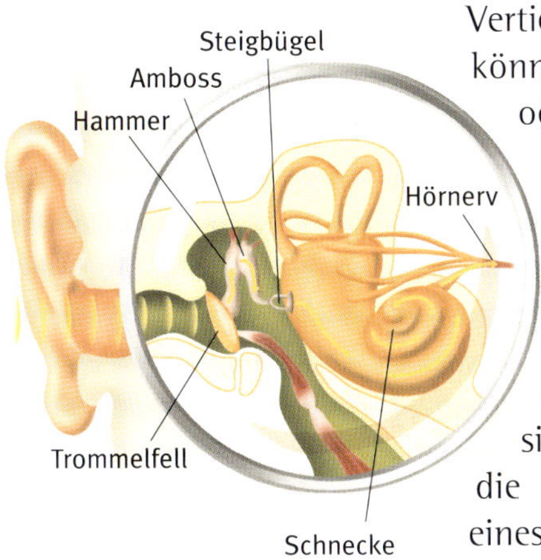

HÖREN

Im Mittelohr bilden drei Gehörknöchelchen – Steigbügel, Amboss und Hammer – eine Brücke, die den Schall zur Schnecke überträgt. Dort werden die Schallwellen in Nervenimpulse umgewandelt und zur Auswertung ins Gehirn geleitet.

Wodurch sind wir wach und aufmerksam?

Ein dichtes Netz von Nervenzellen sorgt dafür, dass wir wach bleiben. Es erstreckt sich vom Rückenmark ins Nachhirn und von dort bis ins Mittelhirn. Auf Lateinisch heißt diese spezielle Formation von Zellen „Formatio reticularis“.

Teile dieses Nervennetzes senden dauernd bestimmte elektrische Signale, die uns aktivieren. Sobald dieser Zustrom unterbrochen wird, versiegt unsere Aufmerksamkeit. Wir fallen in den Schlaf oder in einen ähnlich unbewussten Zustand wie Ohnmacht, Narkose oder Rausch. Das Nervennetz reagiert empfindlich auf bestimmte Substanzen, so dass der Bewusstseinszustand durch

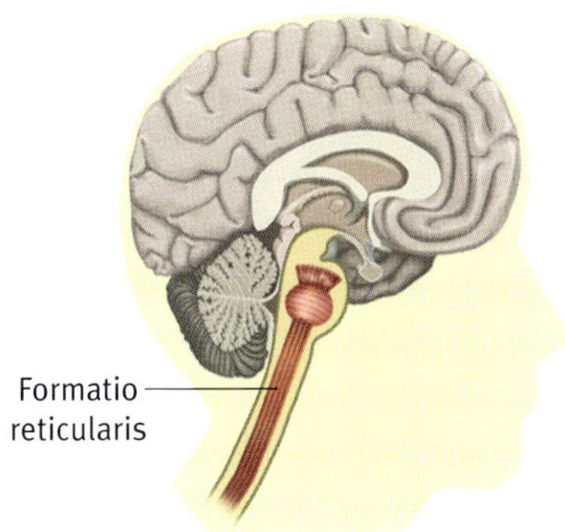

Mittel von außen beeinflusst werden kann. Dazu gehören Schlaftabletten, Aufputschmittel oder Drogen.

Während aufputschende Substanzen (schon ein starker Kaffee oder Tee) die Aktivität des Nervennetzes beschleunigen, bewirken Schlafmittel oder Drogen wie LSD das Gegenteil. Was bei der im Chemielabor hergestellten Substanz LSD „bewusstseinserweiternd“ genannt wird, ist im Grunde eine extrem gesteigerte Aufmerksamkeit. Da die Aktivität des Netzes herabgesetzt ist, kann es seine Filterfunktion nicht ausüben. Außerdem ist der Verstand ziemlich außer Kraft gesetzt, weil die Großhirnrinde nicht aktiviert wird. Sinneseindrücke wie Farben, Klänge oder Gerüche werden übertrieben, weil ungefiltert, wahrgenommen. Eine derart verzerrte Wahrnehmung kann zu gefährlichen Sinnestäuschungen führen.

Wie trennt das Gehirn Wichtiges von Unwichtigem?

Ständig strömt eine Vielzahl von Informationen und Eindrücken auf uns ein; alle Sinnesorgane haben etwas zu melden. Das ist viel zu viel, um gleichermaßen in unser Bewusstsein zu dringen. Unsere Wahrnehmung wechselt zwischen bewusst und unbewusst. Du kennst sicher folgendes Phänomen: Auf dem Schulhof stehen in der großen Pause viele Gruppen von Schülern zusammen und unterhalten sich. Trotz des Lärms bist du ganz mit den Leuten beschäftigt, mit denen du sprichst. Was nebenan geredet wird, bekommst du nicht mit, solange du nicht gezielt hinhörst. Es ist wie Rauschen im Hintergrund. Falls aber dein Name fällt, spitzt du wahrscheinlich die Ohren. Das zeigt, das unser Gehirn viel mehr registriert, als uns bewusst ist.

Es gibt unterschiedliche Grade von Aufmerksamkeit oder Bewusstsein. Je nachdem, worauf wir uns gerade konzentrieren. Was wir können, erledigen wir nebenbei. Du weißt aus eigener Erfahrung, dass du einige Dinge nebenbei, also wie von selbst, erledigen kannst. Andere dagegen fordern deine volle Aufmerksamkeit und Konzentration. Wenn du zum Beispiel gut Tischtennis spielen kannst, reagierst du schon fast automatisch auf den heranspringenden Ball. Aber am Anfang, als du das Spiel gelernt hast, war das sicher schwieriger, und du musstest dich anstrengen, den Ball zu treffen.

Dieser Wechsel zwischen Automatisierung und kontrollierter Aufmerksamkeit dient im Prinzip als Filter. Ihm liegen unterschiedliche Hirnaktivitäten zu Grunde. Was die Sinnesorgane melden, wird erst einmal verarbeitet, ohne unsere Aufmerksamkeit zu wecken. Sobald die Routine durch etwas Unvorhergesehenes durchbrochen wird, schaltet sich unter anderem das Kurzzeitgedächtnis ein.

Was passiert im Schlaf?

Schlafen ist nicht das Gleiche wie Ohnmacht oder die vorher beschriebenen unbewussten Zustände. Körper und Geist brauchen Ruhephasen. Sie sind lebensnotwendig, so wie Atmen, Essen und Trinken. Während wir schlafen, können sich die meisten unserer Organe erholen, die Zellen machen sich verstärkt an die Reparatur von Schäden oder Wunden. Das Signal zum Schlafen kommt von innen, und zwar je nach Bedarf. Das muss nicht immer nachts sein. Wenn du mal eine Nacht aufgeblieben bist, sei es, weil du nicht einschlafen konntest oder weil du Silvester gefeiert hast, dann fordert der Körper meist am nächsten Morgen seinen Tribut: Du gähnst am helllichten Tage und bist müde. Manchmal so sehr, dass du auf der

Konzentration, zum Beispiel auf ein Buch, kann dazu führen, dass man seine Umgebung „vergisst".

Aufmerksamkeit

In der Psychologie unterscheidet man die automatische Aufmerksamkeit von der kontrollierten Aufmerksamkeit. Vereinfacht kann man sagen, dass wir viele Dinge im Alltag automatisch oder fast unbewusst bewältigen: vom morgendlichen Zähneputzen, Anziehen über Frühstücken, Ranzenpacken, Zur-Schule-Gehen. Kontrollierte Aufmerksamkeit setzt dann ein, sobald etwas nicht nach Plan läuft – zum Beispiel die Milch überkocht – und wir blitzschnell reagieren müssen. Oder in Situationen, die gefährlich werden können, etwa wenn wir eine Straße überqueren. Kontrollierte Aufmerksamkeit brauchen wir außerdem, um etwas Neues zu lernen – eine Sportart, ein Musikinstrument oder eine Fremdsprache.

Delfine schlafen abwechselnd mit dem linken und dem rechten Gehirn. Die jeweils wache Gehirnhälfte sorgt dafür, dass der Delfin immer wieder an die Oberfläche schwimmt und Luft holt.

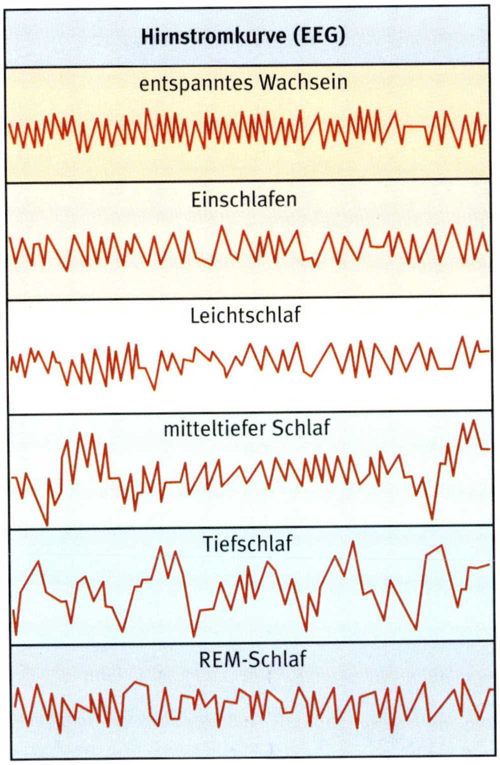

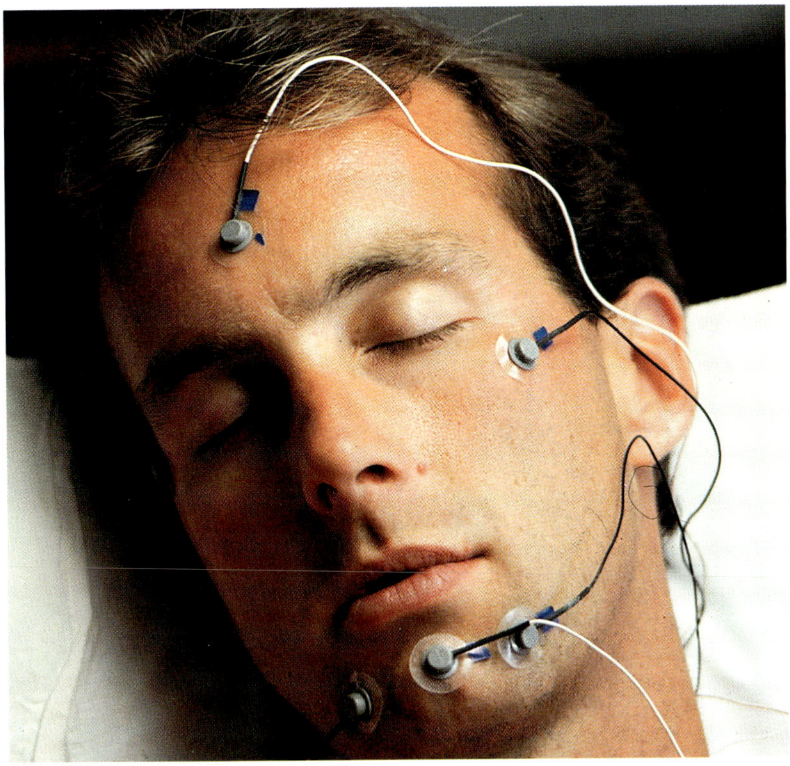

Man unterscheidet mehrere Schlafphasen, die sich drei- bis fünfmal während des Schlafens wiederholen. Beginnend mit dem entspannten Wachzustand und dem Einschlafstadium, schließt sich eine Phase des Leichtschlafs und mitteltiefen Schlafs an. Dann treten die REM-Phasen auf, die für Träume typisch sind.

Stelle einschlafen könntest.

Der Schlaf lässt sich in verschiedene Phasen einteilen. Einige kennst du aus eigener Erfahrung: Tiefschlaf ist anders als der Halbschlaf, etwa kurz nachdem der Wecker geklingelt hat. Die unterschiedlich tiefen Schlafphasen gehen mit unterschiedlicher Hirnaktivität einher. Auf Hirnstrombildern kann man das deutlich erkennen.

Auf das Einschlafstadium folgt eine Phase, die man als langsamwelligen Schlaf bezeichnet. In dieser Phase erzeugt ein bestimmter Teil des Gehirns Hirnstromwellen, die einen großen Ausschlag (Amplitude) und eine geringe Häufigkeit (Frequenz) haben. Sie dauert etwa 90 Minuten. Dann folgt eine Phase, wie sie im EEG so ähnlich beim wachen Menschen (siehe Seite 14) auftritt: mit unregelmäßiger Häufigkeit und kleinem Ausschlag. Das ist die Zeit der Träume, äußerlich erkennbar an schnellen Augenbewegungen bei geschlossenen Lidern. Nach dem englischen Begriff „rapid eye movements“ nennen Wissenschaftler diese Phase kurz REM-Schlaf.

In der Traumphase schlägt das Herz schneller, die Atmung wird unregelmäßig. Da in dieser Phase die für Bewegung zuständigen Nervenzellen gehemmt sind, zucken höchstens mal die Arme und Beine ein bisschen. Wie das Hirnstrombild zeigt, ist das Gehirn während des Träumens sehr aktiv.

Im Verlauf einer Nacht werden die langsam-welligen Schlafstadien immer kürzer, der REM-Schlaf wird immer länger. Während er beim ersten Mal nach dem Einschlafen nur 10 Minuten dauert, hat er sich beim vierten und letzten Mal auf 20 bis 30 Minuten ausgedehnt. Kurz danach wacht man auf. Wenn du dich an einen Traum erinnerst, stammt er meist aus der letzten REM-Phase.

REM-Schlafdauer

Bei einem durchschnittlichen Nachtschlaf von rund 7 1/2 Stunden können Menschen anderthalb bis zwei Stunden träumen. Die längste bisher beobachtete REM-Schlafphase dauerte ungefähr zwei Stunden.

Alle Säugetiere schlafen, wenn auch unterschiedlich lang. Die Katze verschläft den größten Teil des Tages, Rinder schlafen nur wenige Minuten am Stück, dies jedoch mehrmals am Tag.

Diese Vision zur biblischen Geschichte „Jakob schaut die Himmelsleiter" hat der russische Maler Marc Chagall (1887-1985) gemalt. Es ist die Darstellung eines Traumes und veranschaulicht das unlogische, aber wirklichkeitsnahe Bewusstsein unserer Träume.

Welchen Sinn haben Träume?

Über die Bedeutung des Träumens rätseln die Menschen schon seit vielen Jahrhunderten. Die einen halten Träume für Vorhersagen über die Zukunft, andere für verschlüsselte Botschaften des Unterbewusstseins. Demnach offenbart es seine geheimsten Wünsche durch bizarre Bilder im Schlaf.

Wissenschaftler können die Frage nach der biologischen Funktion des Träumens nicht eindeutig klären. Interessant ist jedoch, dass auch Tiere zu träumen scheinen: zum Beispiel Kaninchen, Ratten, Spitzhörnchen. Ob dann bei ihnen – ähnlich wie bei uns – ein mehr oder weniger chaotischer Film abläuft, können die Tiere uns leider nicht mitteilen. Aber sie haben einen Schlafzyklus, der wie beim Menschen zwischen langsam-welligen Phasen und dem Traum-Schlaf wechselt.

Die REM-Phasen kommen bei den meisten Säugetieren wie Löwen, Wölfen, Affen, Robben und vielen anderen vor. Auch bei Beuteltieren wie Kängurus oder Beutelratten. Ihr REM-Schlaf gleicht dem des Menschen. Nur das Schnabeltier oder der Ameisenigel, die zur urtümlichen Gruppe der eierlegenden Säugetiere gehören, haben keinen REM-Schlaf. Diese entwicklungsgeschichtlich alte Gruppe trennte sich vor etwa 140 Millionen Jahren von den anderen Säugetieren. Deshalb vermuten Wissenschaftler, dass sich das Träumen in dem danach beginnenden Zeitraum der Evolution entwickelt hat.

Wenn sich ein so komplexes Phänomen wie die Hirnaktivität beim Träumen in der Stammesgeschichte seit Millionen von Jahren erhalten hat, könnte man vermuten, dass es eine lebenswichtige Funktion hat. In Versuchen ist immerhin nachgewiesen, dass eine anhaltende Störung der Traum-Phasen beim Menschen

Die PSYCHOANALYSE versucht, Träume wissenschaftlich zu deuten. Der österreichische Arzt und Nervenforscher Sigmund Freud (1856-1939) war ihr Begründer. Er behauptete zum Beispiel, im Traum würden sich Probleme und Konflikte zeigen, die ins Unbewusste verdrängt wurden. Man müsse die Träume nur deuten können und bekomme auf diese Weise einen Schlüssel zum Unterbewusstsein eines Patienten. So sei eine Heilung möglich.

drastische Folgen haben kann. Das Verhindern von Träumen führt zum Beispiel zu Nervosität, Angstzuständen oder gestörtem Denken und Fühlen bis hin zu verzerrter Wahrnehmung.

Für die Entwicklung des Gehirns ist Träumen offenbar wichtig. Bei Kindern sind die Traumphasen ausgeprägter als bei Erwachsenen. Ein Neugeborenes absolviert ein tägliches Pensum von acht Stunden REM-Schlaf; beim Erwachsenen sind es nur noch knapp zwei Stunden. Ein Baby hat außerdem einen ganz anderen Schlafzyklus: Schon beim Einschlafen beginnt es mit einer Traumphase und nicht mit einer langsam-welligen Phase. Diese beiden verschiedenen Stadien wechseln alle 50 bis 60 Minuten. Wahrscheinlich fördert der REM-Schlaf die notwendigen Reifeprozesse im Gehirn. Seine Dauer sinkt im Lauf der Kindheit; bei Zweijährigen beträgt er nur noch drei Stunden. Dann verringert sich der REM-Schlaf allmählich um eine weitere Stunde.

Manche Forscher nehmen an, wir träumen, um zu vergessen. Andere vermuten, dass Träume dazu beitragen, Informationen im Gedächtnis zu speichern. Experimente zum REM-Schlaf bei Ratten deuten darauf hin, dass zum Beispiel räumliche Erinnerungen im Langzeitgedächtnis (Seite 32) verankert werden.

Es sieht so aus, als würde das Gehirn im Schlaf Informationen wiederaufbereiten, die es im Wachzustand aufgenommen hat. Träume könnten demnach eine Widerspiegelung dieses Vorganges sein.

Traumdeutung

Die Deutung von Träumen ist seit der Antike bekannt. Schon bei den Babyloniern glaubte man, dass sich in Träumen Zukünftiges ankündige und man aus Träumen weissagen könne.

Kein Träumen

führt zu psychischen Störungen. Weckt man einen Schläfer immer wieder, wenn er gerade zu träumen beginnt, wird er krank. Tiere, die man in Experimenten am Träumen hindert, sterben nach einer Weile. Träume sind also offensichtlich lebenswichtig.

Was ist Stress und wie reagiert das Gehirn darauf?

Stress gilt als typisches Phänomen unserer Zeit: Ein Gefühl von Hetze, Zeit- und Arbeitsdruck, das bei extremer Überlastung zum Zusammenbruch führen kann. Als „stressig“ empfinden wir ganz unterschiedliche Situationen, zum Beispiel Prüfungen, Verkehrslärm, die Hektik einer Großstadt. Aus biologischer Sicht bedeutet Stress eine Alarmierung des Körpers: Verschiedene Umweltreize, die auf uns einwirken und eine möglichst optimale Anpassung verlangen. Darauf reagiert unser Organismus üblicherweise in drei Phasen. Im ersten Moment – Schreck oder Schock – sinken Blutdruck, Temperatur und Muskelspannung. Das kann mit einem Gefühl von Schwäche verbunden sein (manchmal kriegt man „weiche Knie“) und zur Ohnmacht führen.

Die zweite Phase versetzt uns – sofern wir nicht ohnmächtig sind – in die Lage, mit der Bedrohung fertig zu werden. Entweder durch Flucht oder Angriff beziehungsweise Verteidigung. In solchen Momenten können wir besonders schnell laufen

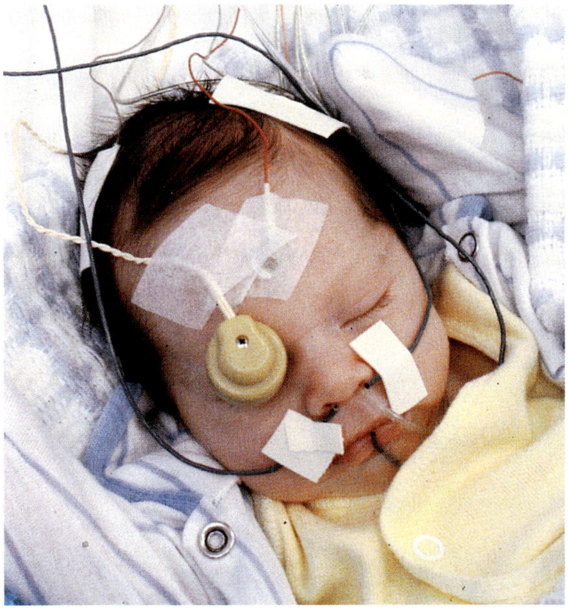

Das Hirnstrombild ist auch vom Alter abhängig. Bei Neugeborenen sind die Traum-Schlafphasen sehr lang. In den ersten Lebensjahren nimmt der REM-Schlaf ab.

oder fühlen uns stark genug, jemanden abzuwehren. Diesen Zustand höchster Reaktionsfähigkeit kann jedoch kein Mensch und kein Tier auf Dauer ertragen. Auf zu großen Stress über längere Zeit folgt Erschöpfung, die unsere Abwehrkräfte schwächen kann.

Stress kann einem „an die Nieren gehen", heißt es in einer Redewendung. Tatsächlich löst Stress im Gehirn einen Dominoeffekt aus, von dem auch die Nieren berührt werden. Durch ein fein abgestimmtes Wechselspiel von Botenstoffen (Hormonen) wird die Nebennierenrinde angeregt, eine bestimmte Substanz zu produzieren. Es ist das Hormon „Adrenalin", das den Körper in Verteidigungsbereitschaft versetzt. Folge: stärkeres Herzklopfen, steigender Blutdruck, Schweißausbruch, trockener Mund. Der Stoffwechsel stellt mehr Energie bereit.

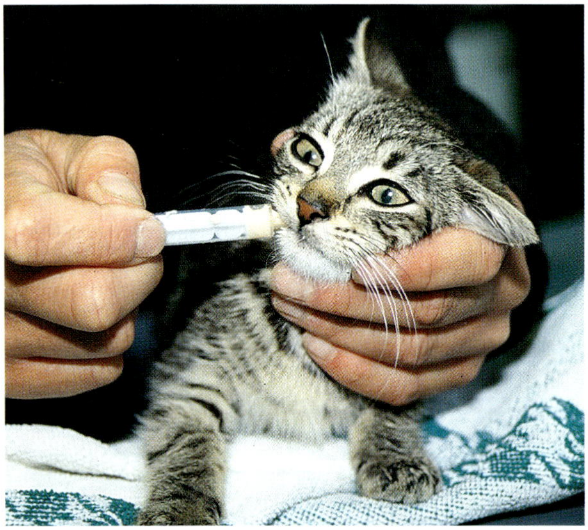
Auch Tiere empfinden in manchen Situationen Stress.

Welche Situation wir als stressig empfinden, schwankt von Mensch zu Mensch. Erfahrungen spielen dabei eine große Rolle. Das gilt auch für Tiere. Wenn du ein Haustier hast, mit dem du schon mal zum Tierarzt musstest, hast du vielleicht beobachtet, wie ängstlich es war. Zumindest der erste Arztbesuch ist für eine Katze sehr „stressig": die fremden Tiere im Wartezimmer, beißender Geruch von Desinfektionsmitteln im Behandlungsraum. Wenn dann der Arzt die Katze mit unerbittlichem Nackengriff aus ihrem Körbchen zerrt, hat sie vor Schreck geweitete Augen. Manche Katzen verlieren in dem Moment sogar Haare – eine Stressreaktion, die einem Schweißausbruch beim Menschen entspricht.

Wodurch empfinden wir Schmerzen?

Unser Körper verfügt über zwei Schmerzsysteme, ein langsames und ein schnelles. Das langsame Schmerzsystem leitet Signale mit einer Geschwindigkeit von 0,5 bis 2 Meter pro Sekunde. Das heißt, bis ein Reiz vom Fuß zum Gehirn übermittelt wird, kann es fast zwei Sekunden dauern. Rund zehnmal so schnell reagiert das andere System: Es überträgt Impulse mit 5 bis 30 Metern pro Sekunde. Die Schaltstellen beider Systeme sitzen im Rückenmark und im Nervennetz des Hirnstamms („Formatio reticularis", Seite 21). Das langsame Schmerzsystem ist in der Entwicklungsgeschichte des Lebens viel älter als das schnelle. Es kommt schon bei einfachen Wirbeltieren wie Fischen und Fröschen vor.

Für die Übermittlung von Reizen, die wir als schmerzhaft empfinden, sorgen so genannte freie Nervenendigungen. Sie liegen zum Beispiel unter der Haut und melden unterschiedliche Reize wie Druck oder

Schmerzempfinden

Beim Blutabnehmen wenden Ärzte oder Krankenschwestern häufig einen Trick an: Bevor sie einem die Nadel unter die Haut jagen, schlagen sie mit der flachen Hand auf die angepeilte Stelle. Während man noch erstaunt den Klaps fühlt, hat man den Einstich gar nicht bemerkt. Es ging so schnell, dass die Sinne kurz „verwirrt" waren. Wie so ein alltägliches Beispiel zeigt, kann Schmerzempfinden durchaus schwanken.

Phantomschmerz

Menschen, denen durch eine Operation ein Arm oder ein Bein entfernt (amputiert) werden musste, können hinterher immer noch Schmerzen an den nicht mehr vorhandenen Gliedmaßen empfinden. Bei diesem so genannten Phantomschmerz handelt es sich nicht um eine Einbildung. Ihm liegt eine Störung des schmerzleitenden Systems im Rückenmark oder Gehirn zu Grunde.

Die Nervenzellen, die die Signale von den Schmerzrezeptoren im Fuß zum Rückenmark leiten, haben die längsten Fasern (Axone) des Körpers: über 1 Meter bei einem Erwachsenen.

Hitze. Wenn du hinfällst oder dir die Finger an der heißen Herdplatte verbrennst, melden es die Sinneszellen unter der Haut blitzschnell weiter. Nervenendigungen durchziehen auch unsere Muskeln und Gelenke, die Hirn- und Knochenhäute, das Bauch- und Brustfell. Sie melden Schmerzimpulse über das Rückenmark ins Gehirn.

Während die Hirnhaut also schmerzempfindlich ist, gilt dies nicht für das Gehirn selbst. Was uns wie sehr wehtut, lässt sich nicht objektiv von außen messen. „Schmerz entsteht im Kopf", heißt es deshalb unter Experten. Er entsteht in einer Hirnregion, die auch für die Verarbeitung von Gefühlen zuständig ist. Die räumliche Nähe deutet die enge Beziehung an, die zwischen Schmerzempfinden und persönlicher Wahrnehmung besteht. Schmerz hat zudem nicht nur körperliche, sondern auch seelische Ursachen. Er kann sogar ausschließlich von der Seele hervorgerufen werden, egal in welchem Körperteil.

Endorphine

Die vom Gehirn erzeugten Schmerzstiller heißen Endorphine (von endogene Morphine; endogen=innerlich erzeugt). Eine weitere Wirkung, die ihnen zugeschrieben wird, sind Glücksgefühle. Auch bei Tieren ist das Gehirn in der Lage, solche schmerzstillenden Substanzen herzustellen. Das gilt zumindest für die Säugetiere.

Warum schwankt das Schmerzempfinden?

Wie empfindlich wir gegen Schmerzen sind, hängt unter anderem von der Tageszeit und von der persönlichen Verfassung jedes einzelnen Menschen ab. Vielleicht hast du selbst schon mal die Erfahrung gemacht, dass du schmerzempfindlicher bist, wenn du krank bist. Die Reizschwelle für die Nervenendigungen im Körper ist nämlich nicht immer gleich hoch. Bei Entzündungen produziert der Körper bestimmte Substanzen, wodurch die Schwelle sinkt. Dann empfinden wir Reize eher als schmerzhaft.

Schmerzmittel wie Aspirin helfen deshalb, weil sie die Entstehung solcher Substanzen verhindern. Schmerzlindernd wirken auch Opium oder Morphium. Opium wird aus einer Pflanze, dem Schlafmohn, gewonnen. Schon vor über 5000 Jahren nutzten es unsere Vorfahren, um Schmerzen zu stillen. Sie verwendeten es aber auch als Rauschmittel.

Der Körper ist zum Glück nicht nur abhängig von Schmerzmitteln, die man einnimmt. Er kann auch selbst welche produzieren. Genauer gesagt, das Gehirn kann es. Dabei handelt es sich um opiumähnliche Substanzen, die verhindern, dass die Nervenzellen Signale weiterleiten können. In besonders heiklen Situationen, wie einem Unfall oder Kampf, schüttet das Gehirn solche schmerzstillenden Botenstoffe aus. Das ist wahrscheinlich auch der Grund, warum Menschen nicht sofort nach einem Unfall Schmerzen fühlen, sondern erst später. Das gilt sogar für Schwerverletzte.

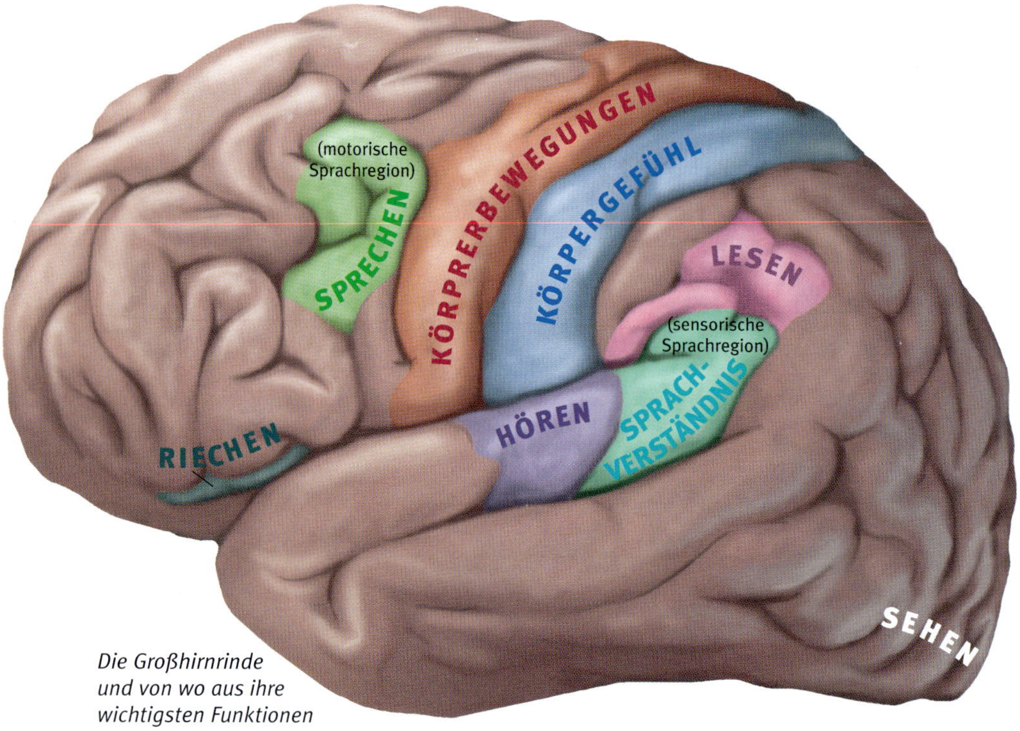

Die Großhirnrinde und von wo aus ihre wichtigsten Funktionen gesteuert werden.

Leistungen des Gehirns

Was bedeutet Intelligenz?

Über diese Frage streiten Gelehrte schon lange. Es gibt ganz unterschiedliche Definitionen. Man könnte sie so zusammenfassen: Intelligenz ist die Fähigkeit, sich an neue Aufgaben und Lebensbedingungen anzupassen. Oder die Art und Weise, wie ein Mensch bzw. Tier Informationen verarbeitet und Probleme löst. Auch Kombinieren und neue Einsichten zu gewinnen, gehört zur Intelligenz. Sie wird sowohl durch Erbanlagen als auch durch Erziehung beeinflusst.

Seit Beginn des 20. Jahrhunderts versuchen Psychologen, die Intelligenz von Menschen mit Hilfe unterschiedlicher Verfahren zu ermitteln. Sie testen zum Beispiel räumliches Vorstellungsvermögen, Logik, Konzentration, Gedächtnis. Die Testpersonen müssen in Gedanken Würfel zusammensetzen, Rechenaufgaben lösen, Buchstabenreihen fortsetzen oder Sätze vollenden. Wer bei den Tests so abschneidet, wie der Durchschnitt seiner Altersgenossen, hat einen Intelligenzquotienten (abgekürzt: IQ) von 100. Diese Übereinkunft geht auf den US-Psychologen David Wechsler zurück, der Ende der 30er Jahre des 20. Jahrhunderts den statistischen Rahmen festlegte: Zwei Drittel der Menschen haben demnach einen IQ zwischen 85 und 115. Nur gut zwei Prozent besitzen einen IQ über 130 oder unter 70.

Ein hoher Wert gilt als intelligent. Das kann den Lebensweg beeinflussen, muss es aber nicht. Ein überdurchschnittlicher IQ garantiert weder gute Schulnoten noch Erfolg im Studium oder Beruf. Umgekehrt ist ein niedriger Quotient nicht gleichbedeutend mit Unfähigkeit

Die Grosshirnrinde

– die Oberfläche des Großhirns – wird in vier Gebiete unterteilt: Stirnlappen, Scheitellappen, Hinterhauptslappen und die seitlich liegenden Schläfenlappen, Ihnen lassen sich verschiedene Funktionen zuordnen. Der Hinterhauptlappen enthält Sehzentren, die Schläfenlappen Hörzentren. Der Stirnlappen steht in Zusammenhang mit Persönlichkeitsmerkmalen. Im Scheitellappen werden Sinneseindrücke aus dem Tastsinn verarbeitet.

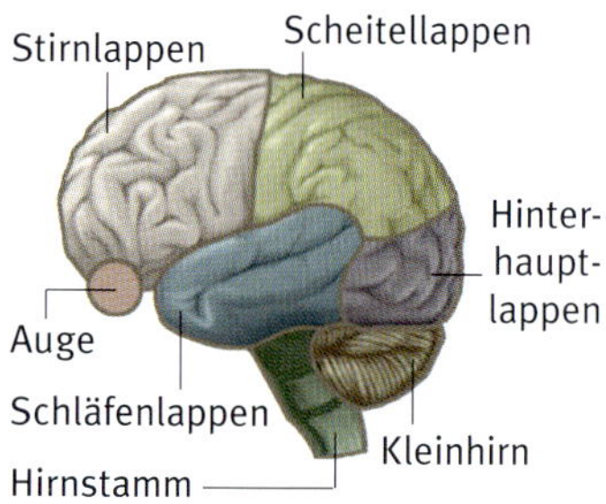

Binet-Simon-Test

Die ersten Intelligenztests wurden Anfang des 20. Jahrhunderts von Binet und Simon in Frankreich entwickelt. So wollten sie herausfinden, welche Kinder eine besondere schulische Förderung benötigten.

oder Dummheit. Menschen mit unterdurchschnittlichem IQ können ebenfalls über besondere Begabungen verfügen, zum Beispiel im künstlerischen Bereich. Ein geistig behinderter Junge etwa konnte im Alter von drei Jahren plötzlich perfekt Klavier spielen. Andere erstaunen durch die Fähigkeit, komplizierte Rechenaufgaben im Kopf zu lösen, oder sie besitzen ein fotografisches Gedächtnis. Sie zeichnen Gebäude, die sie nur eine Viertelstunde lang betrachtet haben, detailgetreu nach. Wissenschaftler bezeichnen solche Menschen als „idiots savants" – was auf deutsch etwa „gelehrte Schwachköpfe" bedeutet. Ein IQ-Wert sagt nicht mehr über einen Menschen aus als das, was in den Tests gemessen wird.

Eine immer wichtigere Rolle spielt heutzutage die soziale bzw. emotionale Intelligenz. Dazu gehören Teamgeist, Kommunikationsvermögen und die Fähigkeit, sich in andere hineinzuversetzen (Empathie). In einer immer komplexer wer-

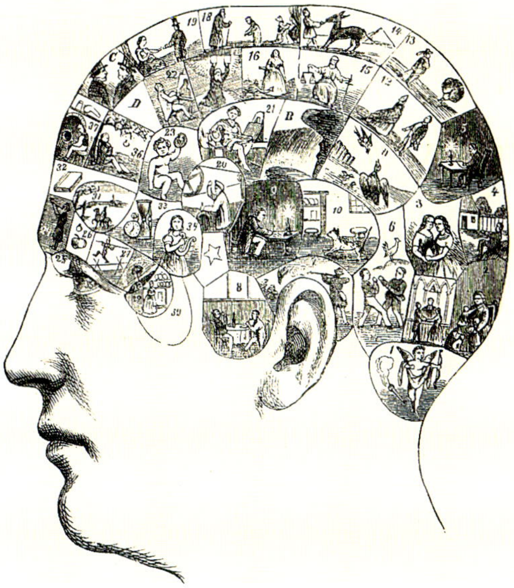

Von 1864 stammt diese Zeichnung, die die Funktionen des Gehirns in Bildern darstellt.

denden Umwelt reicht analytischer Scharfsinn allein nicht aus, um die anstehenden Aufgaben zu bewältigen.

Intelligenz führt nicht unbedingt zu genialen Erfindungen. Dazu braucht man andere Geistesgaben wie Kreativität und Intuition – auch „sechster Sinn" genannt. Eine plötzliche Eingebung, ein Geistesblitz aus dem Unterbewusstsein kann einen bahnbrechenden technischen Fortschritt bewirken. Dem Erfinder der ersten einfachen Versuchs-Dampfmaschine, Denis Papin, wird beispielsweise nachgesagt, der zündende Gedanke sei ihm gekommen, als er bei seiner Mutter in der Küche saß. Dort beobachtete er, wie der Dampf des kochenden Wassers die Topfdeckel zum Tanzen brachte. So erkannte er, dass man die Energie von Wasserdampf nutzen konnte, um Maschinen anzutreiben.

Wenn man die einzelnen Körperteile um so größer zeichnet, je mehr Nervenzellen sie enthalten, so erhält man diese verzerrten Bilder vom Menschen. Die Teile mit den meisten Nervenzellen sind vor allem die Hände, die Lippen und die Zunge.
Darüber sind die Bereiche der Großhirnrinde dargestellt, die bestimmten Körperteilen zugeordnet sind. Das linke Bild zeigt die sensorischen, das rechte die motorischen Felder.

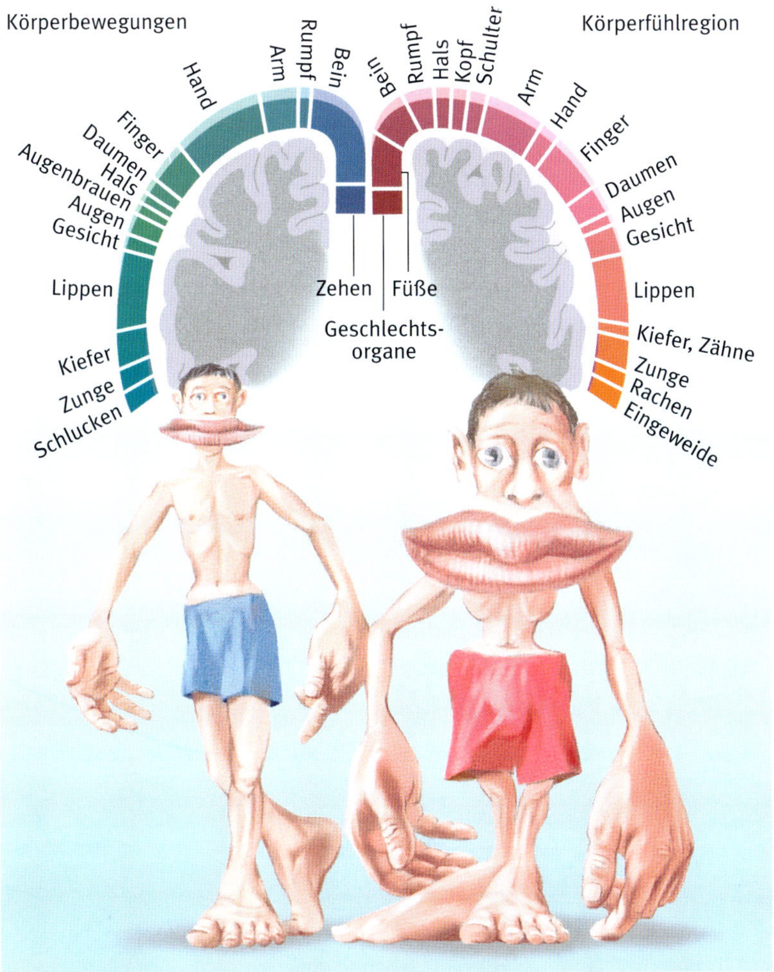

Ein Musikinstrument zu spielen, fordert Körper und Geist in besonderer Weise. Wer selbst ein Instrument spielt, kennt das aus eigener Erfahrung. Man konzentriert sich auf Noten, Töne, Rhythmus und auf die Finger oder Lippen. Das aktiviert mehrere Sinne gleichzeitig: Man muss sehen, hören, tasten, greifen und begreifen. Man braucht Geduld und ein gutes Gedächtnis. Musikhören und Komponieren aktiviert Nervenzellen hinter der Stirn, dort wo das Kurzzeitgedächtnis (siehe Seite 32) liegt. Sie vernetzen sich in ungewöhnlich vielfältiger Weise. Musik hinterlässt also Spuren im Gehirn.

Fördert Musik die Leistungsfähigkeit?

Wenn Kinder intensiv in Musik unterrichtet werden, ein Instrument spielen lernen und in einer Gruppe musizieren, wirkt sich das positiv auf ihre persönliche Entwicklung aus. Mit der Zeit kann sogar der Intelligenzquotient deutlich zunehmen. Zu diesem Ergebnis kamen verschiedene Studien in Europa und den USA.

Das Lernen eines Instruments hat offenbar auch einiges gemeinsam mit allgemeinem schulischen Lernen. Überrascht waren Forscher, dass Musikunterricht obendrein die Stimmung in einer Klassengemeinschaft verbessert. In musikbetonten Schulen gab es sehr viel weniger negative Äußerungen über die Klassenkameraden („den mag ich nicht") als an normalen Schulen. Ein Junge, der wegen seines rüpelhaften Verhaltens ein Außenseiter war und beinahe von der Schule geflogen wäre, wurde in eine musikbetonte Klasse versetzt. Seitdem er dort Gitarre spielen lernte, ist er voll integriert.

Das Arbeitsgedächtnis ist unter anderem tätig, wenn du beim Klavierspielen die innere Vorstellung eines Musikstücks durch Fingerbewegungen umsetzt.

Was hat das Gehirn mit unseren Gefühlen zu tun?

Wir alle kennen ziemlich viele verschiedene Gefühle: Wir können fröhlich sein oder traurig, ängstlich oder wütend, übermütig und so weiter. Aus Erfahrung wissen wir auch, dass solche Empfindungen mit bestimmten Körperreaktionen verbunden sind. Wenn wir etwas lustig finden, lachen wir, und wenn wir traurig sind, fließen Tränen. Das zeigt, dass Gefühle und körperliche Reaktionen eng mit einander verbunden sind. Manche Reaktionen sind so typisch, dass wir sie als Bild in der Umgangssprache benutzen: vor Wut platzen, vor Freude in die Luft springen, vor Angst in die Hose machen, vor Neid erblassen.

EMPATHIE

ist die Fähigkeit, die Gefühle, Gedanken und Motive anderer Menschen zu verstehen – sich in andere einzufühlen. Dazu gehört das Wissen um die eigenen Gefühle und das Bewusstsein von sich selbst.

An all diesen Vorgängen ist das Gehirn beteiligt. Gefühle werden – wie auch Bewegungen – nicht nur an einem Ort im Hirn verarbeitet, sondern an verschiedenen Orten. Die Hauptrolle spielt dabei das limbische System. Es gehört zum Großhirn und liegt wie ein Band über dem Hirnstamm. Dieses „Band" hat vielerlei Aufgaben: Es beeinflusst Gefühle, Lernen und Gedächtnisspeicherung. Es wirkt auf die Hirnanhangdrüse, die Hormone ausschüttet (siehe Seite 7). Und es beeinflusst das so genannte vegetative Nervensystem, das vom Willen unabhängig ist und zum Beispiel Atmung Herzschlag und Verdauung regelt.

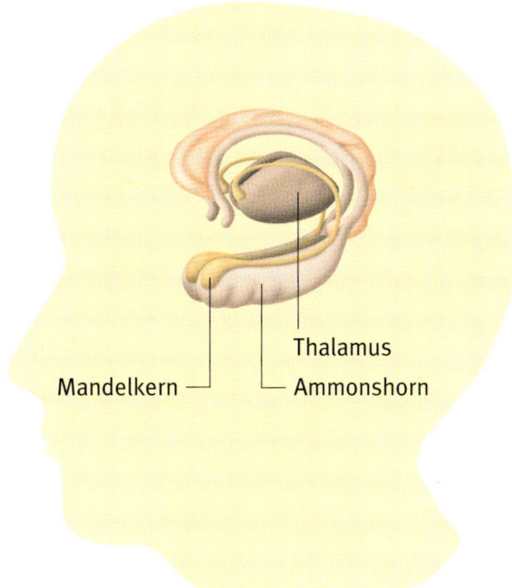

Das limbische System verwaltet unsere Gefühle und Empfindungen.

Intuition

Wer etwas intuitiv weiß, kann oft nicht erklären, warum er es weiß. Es ist eine plötzliche Erkenntnis, die auf Wissen und Erfahrung beruht. Oder eine spontane „innere Eingebung". Auf diesen „sechsten" Sinn vertrauen viele, die kreativ tätig sind.

Das limbische System besteht aus mehreren Teilen, unter anderem dem Mandelkern und dem Ammonshorn (Hippocampus). Aus Experimenten weiß man, dass der Mandelkern wichtig für die gefühlsmäßige Verarbeitung von Reizen ist. Wenn bestimmte Bereiche im Mandelkern mit einer haarfeinen Elektrode stimuliert werden, so löst das Angst oder andere Gefühle aus.

Der Mandelkern beeinflusst über weitere Stellen im Gehirn verschiedene Körperfunktionen. Wenn wir uns über einen lauten Knall erschrecken oder etwas Angstauslösendes sehen oder hören, dann sendet er Signale ins Zwischenhirn (zum Hypothalamus). Die Folge ist, dass das Herz schneller klopft. Über bestimmte Anhäufungen von Nervenzellen im Großhirn, die Basalganglien, bewirkt er, dass sich unsere Körperhaltung und Mimik verändern: Vielleicht zucken wir zusammen und unser Gesicht zeigt einen ängstlichen Ausdruck.

Das Ammonshorn im limbischen System trägt dazu bei, das Erlebnis im Gedächtnis zu speichern. Wenn wir eine unangenehme Erfahrung mit einem bestimmten Geräusch oder Geruch verbinden, dann kann so ein Geräusch oder Geruch noch Jahre später ein unangenehmes Gefühl in uns wecken. Es kann sogar Angst auslösen, obwohl gar keine Bedrohung vorhanden ist. Der Anlass für ein Gefühl muss also nicht

Zunehmende Angst zeigt sich im Gesichtsausdruck – und in der zunehmenden Aktivität eines bestimmten Hirnbereichs (auf dieser PET-Aufnahme gelb markiert).

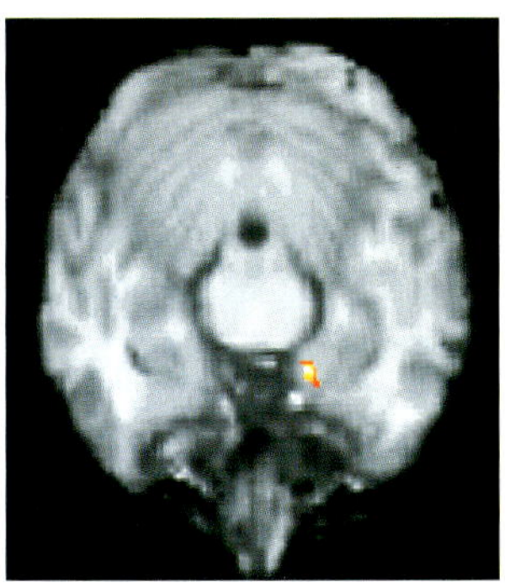

unbedingt von außen kommen. Auch Vorstellungen oder Erinnerungen, die wir in unserem Gehirn gespeichert haben, können uns fröhlich, traurig oder ängstlich stimmen. Man kann sich auch vor etwas fürchten, ohne eine schlechte Erfahrung gemacht zu haben. Zum Beispiel ekeln sich viele Menschen vor Spinnen, obwohl ihnen die haarigen Krabbler nie etwas getan haben. Manche Psychologen nennen das eine „Verschiebung" der Angst: Sie gilt nicht den harmlosen Spinnen, sondern etwas Anderem, was einem meist nicht bewusst ist.

Angst vor Spinnen – oft nur eine „verschobene" Angst vor etwas Anderem, Unbewusstem.

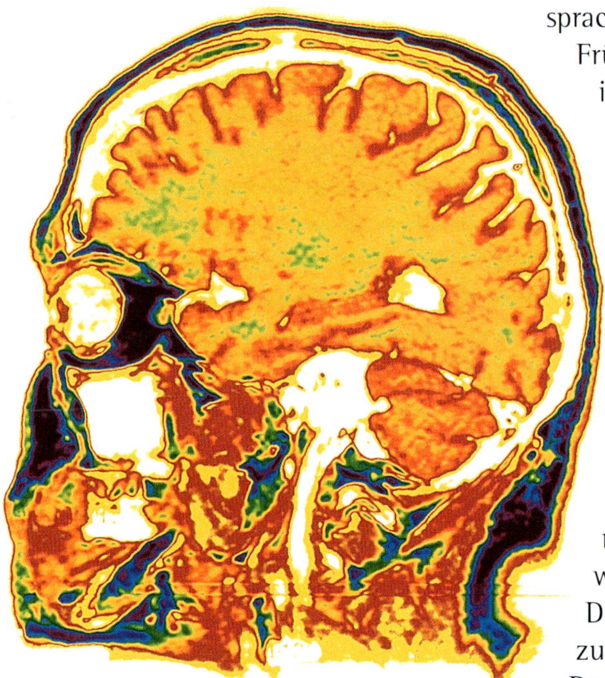

Unser Gedächtnis ist über das gesamte Gehirn verteilt.

Was ist das Gedächtnis?

Ohne Gedächtnis könnten wir uns gar nichts merken: Weder unseren Namen noch unser Alter oder unsere Telefonnummer, weder unser Lieblingsessen noch wo wir die letzten Ferien verbracht haben. Wir könnten uns nicht einmal in der eigenen Wohnung zurechtfinden. Erst recht wichtig ist das Gedächtnis für kompliziertere geistige Leistungen wie Kopfrechnen, einen Aufsatz schreiben oder eine Fremdsprache lernen.

Früher glaubte man, unser Erinnerungsspeicher sei eine Einheit an einem bestimmten Platz im Gehirn. Heute weiß man, dass das Gedächtnis aus mehreren Teilen besteht, die über das gesamte Gehirn verteilt sind. Sie sind durch ein Nervennetz miteinander verwoben. In einem Teil sammeln wir unser Wissen und speichern es im Langzeitgedächtnis. Es nützt uns aber nur etwas, wenn wir bei Bedarf – beim Denken oder Handeln – darauf zugreifen können.

Dazu dient uns ein anderer Teil, das Kurzzeitgedächtnis. Dieser Zwischenspeicher wird auch Arbeitsgedächtnis genannt. Wenn du zum Beispiel im Kopf ausrechnen willst, ob du dir von deinem Rest Taschengeld ein Eis plus ein Comic-Heft leisten kannst, dann aktivierst du im Langzeitgedächtnis deine Fähigkeit zum Zusammenzählen. Das Ergebnis speicherst du im Arbeitsgedächtnis zwischen. Erst dann weißt du, ob das Geld noch reicht.

Déjà-vu-Erlebnis

(Französisch für „bereits gesehen). Jeder kennt das verwirrende Gefühl, etwas schon einmal erlebt zu haben: Eine neue Situation erscheint plötzlich bekannt. Forscher haben schon viele plausible Erklärungen dafür gefunden, aber keine ist endgültig bewiesen. Eine davon: Der Informationsaustausch zwischen beiden Hirnhälften verzögert sich für Bruchteile einer Sekunde. Jede Hemisphäre verarbeitet die Eindrücke, und wenn die Verbindung wieder hergestellt ist, erscheint die Situation als bekannt.

Nie gesehen

Es gibt auch das Umgekehrte: Vertraute Situationen werden nicht als solche wiedererkannt, sondern erscheinen fremd und neu.

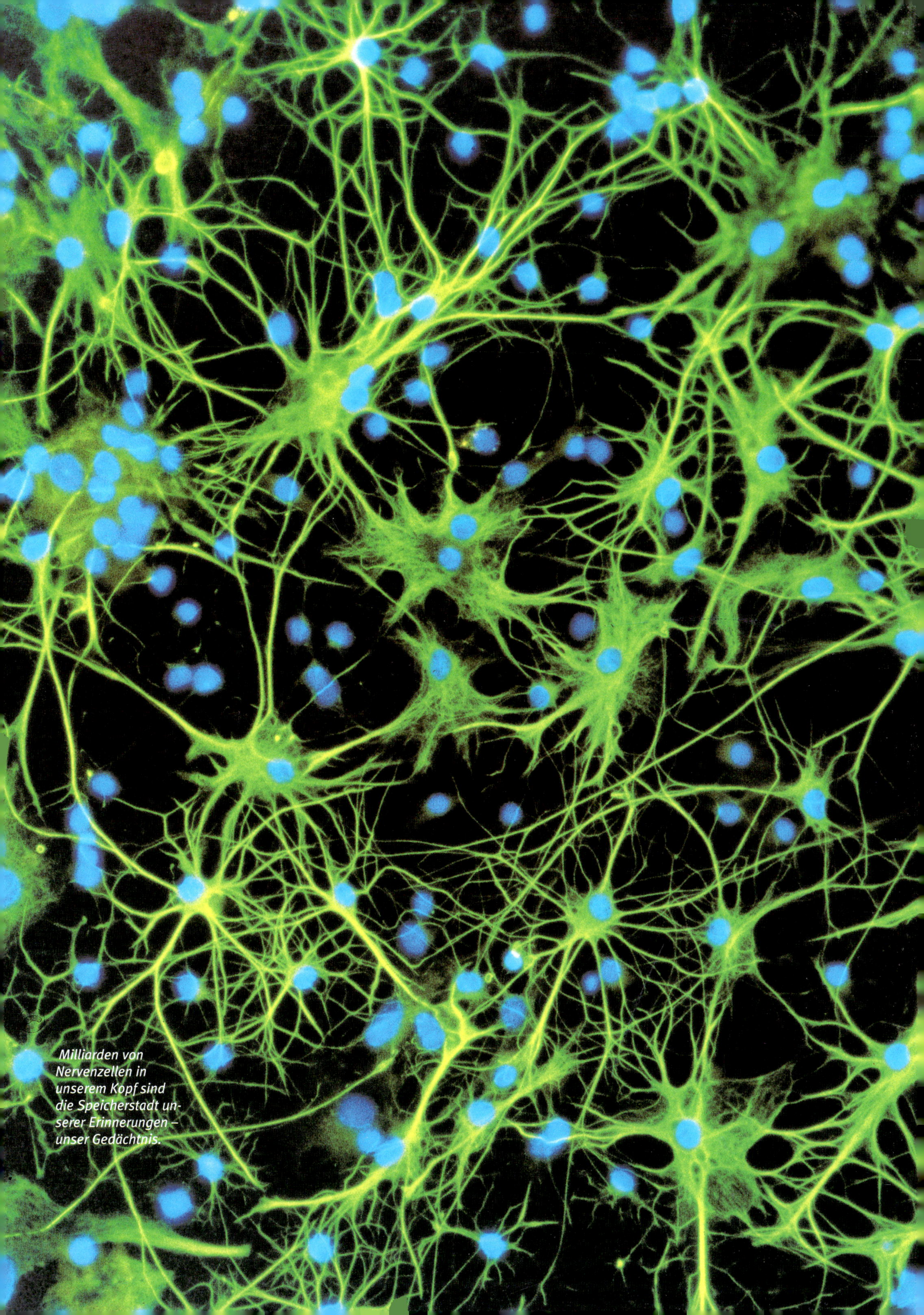

Milliarden von Nervenzellen in unserem Kopf sind die Speicherstadt unserer Erinnerungen – unser Gedächtnis.

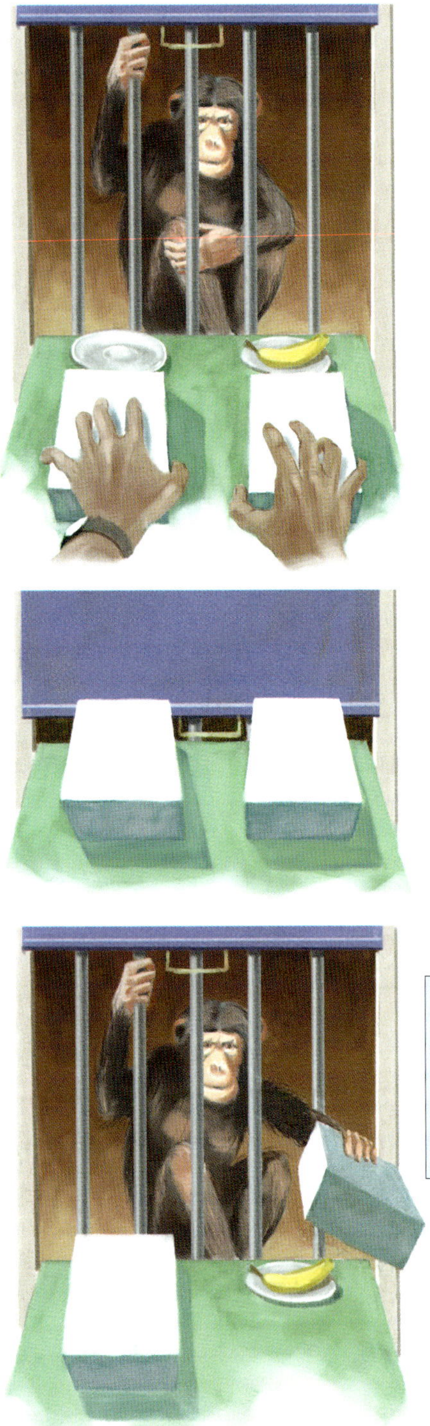

In einem Test mit Schimpansen wurde die Funktionsweise des Arbeitsgedächtnisses untersucht. Dem Affen wurde kurz eine Banane gezeigt (oben). Danach wurde die Banane verdeckt und der Schimpanse musste eine Weile warten (Mitte). Dann musste er sich nach dem Gedächtnis entscheiden, wo die Banane lag – er hatte sich richtig erinnert! Bei dem Test ist das Arbeitsgedächtnis gefordert, weil der Affe sich vorübergehend etwas genau merken muss.

Ähnlich ist es beim Sprache lernen. Vokabeln und Grammatik lagern im Langzeitspeicher; anwenden können wir sie mit unserem Arbeitsgedächtnis. Es vermittelt also zwischen Erinnerung und Handlung. Trotz seines Namens braucht man es aber nicht nur zum Lernen und Arbeiten, sondern auch zum Spielen. Etwa wenn du dir beim Dame- oder Mühlespiel überlegst, welchen Stein du wie setzen sollst. Auch bei „Memory“ merken wir uns die Lage der Kärtchen mit Hilfe unseres Arbeitsgedächtnisses. Diese Beispiele zeigen auch, warum die Trennung in Lang- und Kurzzeitgedächtnis sinnvoll ist. Stell dir vor, du würdest alle Spielkonstellationen ewig im Kopf behalten. Das wäre doch eine ziemlich sinnlose Überfrachtung mit überflüssigen Daten. Vergessen ist also nicht immer das Schlechteste...

Wo befindet sich das Gedächtnis?

Das Arbeitsgedächtnis sitzt gleich hinter der Stirn – vereinfacht ausgedrückt. Die Stirnlappen der Großhirnrinde sind wichtig für das Erinnerungsvermögen. Menschen, die durch einen Unfall in diesem Bereich verletzt wurden, haben große Schwierigkeiten, ihr Wissen im Alltag anzuwenden. Das Wissen selbst ist zwar noch vorhanden. Das kann man anhand von Tests nachprüfen. Auf entsprechende Fragen geben die Patienten die richtige Antwort. Aber ungefragt bzw. von selbst können sie ihr Wissen nicht gebrauchen, weil das Arbeitsgedächtnis geschädigt ist. Eine für das Langzeitgedächtnis entscheidende Struktur liegt ungefähr hinter der Schläfe – im Ammonshorn (Hippocampus)

Gedächtnisleistung

In Wettbewerben wie den Gedächtnismeisterschaften verblüffen die Hirnakrobaten immer wieder durch ihre Kunst: Etwa, wenn der deutsche Meister fast 40 Zahlen richtig aufsagt, die er sich nur eine Minute einprägen konnte. Oder wenn die elfjährige Juniormeisterin 50 Posten einer Einkaufsliste aufzählt, die sie drei Minuten studieren durfte. Wie schaffen sie das? Der Trick ist relativ einfach, sie bauen sich „Eselsbrücken“. Sie verknüpfen Zahlen mit Bildern oder Formeln mit Geschichten. Zum Beispiel denken sie bei der Fünf an eine Hand, bei der Zwei an einen Schwan, bei der Vier an ein Kleeblatt usw. Wichtig ist, der Phantasie freien Lauf zu lassen und die abstrakten Informationen mit Sinneseindrücken zu kombinieren. Auf das Denkorgan übertragen bedeutet es, beide Hirnhälften gleichermaßen zu aktivieren. Normalerweise benutzen wir mehr die linke Hirnhälfte, die für Zahlen und Fakten zuständig ist. Die „künstlerische“ rechte Seite mit Kreativität und Gefühl wird leicht vernachlässigt. Am besten lernen wir aber mit beiden Hirnhälften gleichzeitig.

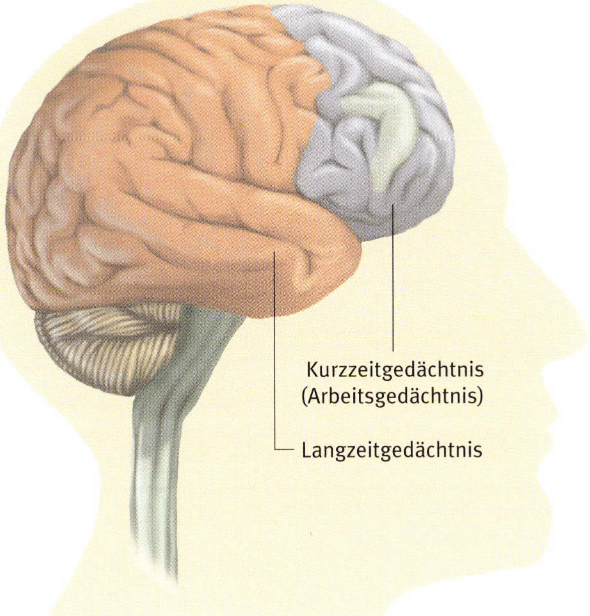

Die ungefähre Lage von Kurzzeitgedächtnis und Langzeitgedächtnis.

und Umgebung. Zwischen dem Bereich hinter der Schläfe und dem Arbeitsspeicher hinter der Stirn gibt es sozusagen einen direkten Draht, über den Informationen ausgetauscht werden. Ein weiterer Teil des Gedächtnisses sitzt etwa unterm Scheitel: Darin befinden sich die Daten zur räumlichen Orientierung. Menschen, die dort eine Verletzung erlitten haben, können beispielsweise nicht einfach eine Tasse auf dem Tisch ergreifen, sondern müssen sich mit den Händen mühsam herantasten.

Was hilft beim Lernen?

Um Informationen wie z.B. Telefonnummern oder Vokabeln im Langzeitgedächtnis zu verankern, hilft es normalerweise, wenn man sie vor sich hersagt. Noch einprägsamer ist es, die Informationen im Kopf mit Bildern oder Erinnerungen zu verknüpfen. Auch Schaubilder zeichnen oder Modelle basteln ist gut. Je mehr Sinnesorgane sich am Lernprozess beteiligen, desto besser.

Um das Gespeicherte gut wieder abrufen zu können, bereitet man sich am besten so vor, wie man geprüft wird: Vor Klassenarbeiten ist es sinnvoll, sich das Wichtigste des Lernpensums aus dem Kopf noch mal aufzuschreiben. Bei mündlichen Prüfungen dagegen wäre es besser, das Gelernte vorher einmal jemandem zu erzählen, etwa Klassenkameraden, Freunden oder Eltern. „Wiederholen ist die Mutter des Wissens“, sagten schon die alten Griechen.

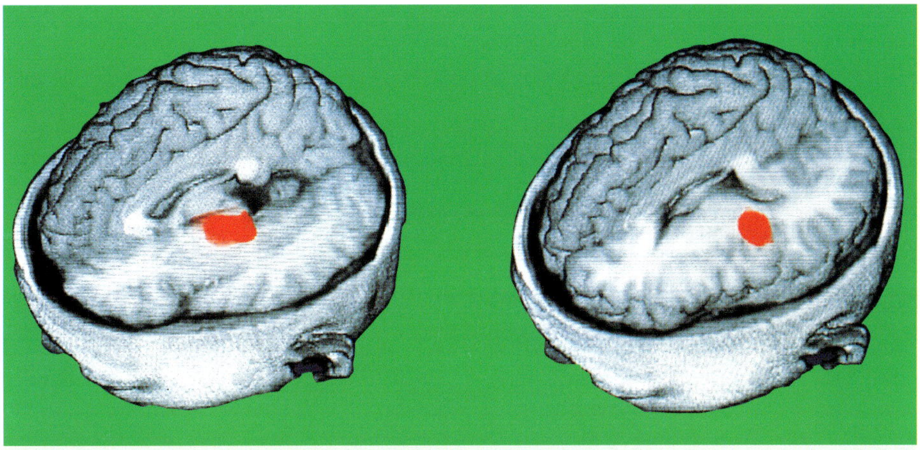

Diese PET-Aufnahmen zeigen, wie das Gehirn funktioniert. Einer Person wurden Worte vorgelesen, an die sie sich nach 10 Minuten erinnern sollte. Oben sind in beiden Aufnahmen aktive Regionen rot – die Erinnerung hat geklappt. Unten hat sich die Person nicht an die richtigen Worte erinnert – wie die zweite Aufnahme rechts erkennen lässt.

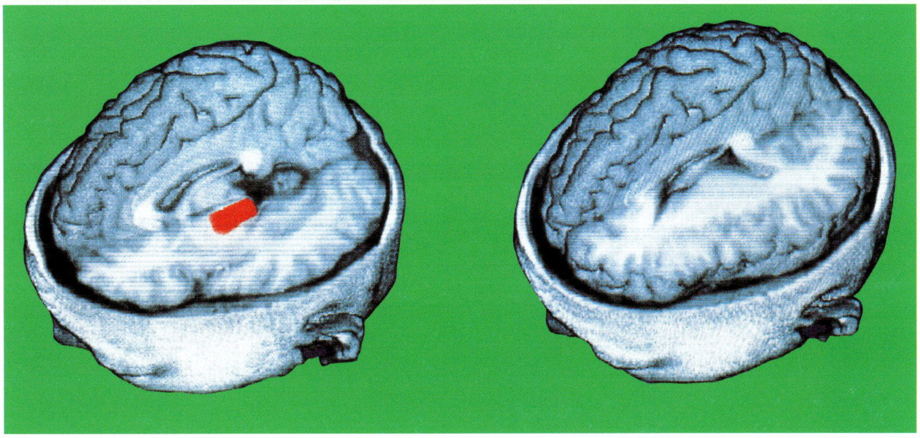

Wie lernen wir sprechen?

Unsere Sprache macht es möglich, dass wir mit anderen Menschen Informationen austauschen. Dafür können wir auf einen riesigen Vorrat an Wörtern in unserem Gedächtnis zurückgreifen. Die Zahl schwankt je nach Alter und Bildung; bei Erwachsenen sind es bis zu 120 000 Wörter.

Kinder lernen Sprechen wie von selbst. Sie brauchen keinen Lehrer, um ihre Muttersprache zu lernen. Am Anfang üben Babys die sprachlichen Klänge der Buchstaben, etwa „b“, „m“, „r“ usw. Später setzen sie die Buchstaben zu Wörtern zusammen. Säuglinge können viel mehr Sprachlaute unterscheiden als Erwachsene. Sie sprechen sie auch aus, sogar solche, die in ihrer Muttersprache gar nicht vorkommen. So können deutsche Babys das englische „th“ oder ein spanisch gerolltes „rrr“ bilden. Sie verlernen es nur wieder, weil diese Laute bei uns nicht vorkommen.

Viele Jahre später, als Schüler im Fremdsprachenunterricht, müssen sie die ungewohnten Laute neu lernen. Das ist nicht einfach, wie du wahrscheinlich selbst schon gemerkt hast. Ähnliches gilt für Chinesen oder Japaner, die als Erwachsene Schwierigkeiten haben, „r“ und „l“ zu unterscheiden. Als sie klein waren, konnten sie es.

Kinder erkennen sogar selbständig Regeln und Strukturen ihrer Sprache (Grammatik). Wenn sie dabei anfangs auch Fehler machen, lassen sie sich von den Korrekturen der Eltern kaum beirren. So sagt ein Kind vielleicht erst einmal „nach Hause gegeht“ statt „gegangen“. Das ist kein Grund zur Sorge, meint eine bekannte Sprachforscherin. Im Gegenteil, das Beispiel zeigt, dass das Kind eine grammatikalische Regel verstanden hat. Sie lautet: Bei der zusammengesetzten Vergangenheit erhält das Verb (Tu-Wort) die Vorsilbe „ge-“ und endet mit „t“. Erst wenn sich diese Regel im Kopf gefestigt hat, wird das Kind die Ausnahmen lernen. Die Fähigkeit, grammatikalische Regeln zu erkennen, ist beim Menschen wahrscheinlich angeboren. Manche Wissenschaftler nennen das „Sprachinstinkt“.

Kinder können ihre Sprache allerdings nur lernen, wenn ihre Ohren in Ordnung sind und in ihrer Umgebung gesprochen wird. Sie dürfen also nicht isoliert aufwachsen wie das berühmte Findelkind Kaspar Hauser. Gehörlose Kinder („Taubstumme“), deren Eltern ebenfalls nicht hören können und sich mit der

Brabbeln

Dass du sprechen kannst, scheint dir heute selbstverständlich. Dabei hast du als Kleinkind lange Zeit nur Silben geplappert, bis du daraus dein erstes Wort formen konntest. Frag doch mal deine Eltern, welches Wort das war und wie alt du warst.

Wörterbuch gegen Gehirn

Guck mal auf den Einband eines Wörterbuchs, zum Beispiel für Deutsch-Englisch, wie viele Wörter es enthält. Ein Taschenwörterbuch enthält normalerweise weniger als 100000 Wörter.

Das Wort „Tisch“ zum Beispiel verstehen wir nur, wenn wir auch sein Bild in unserem Gehirn abrufen können.

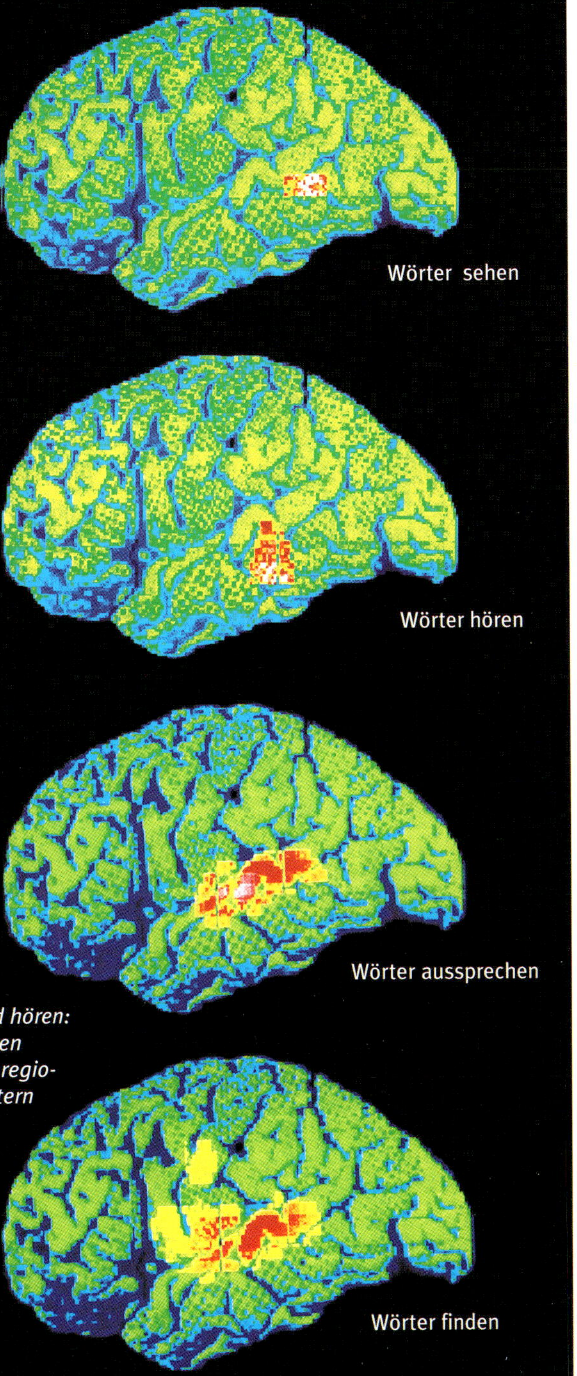

Wörter sehen und hören: Die PET-Aufnahmen zeigen die Gehirnregionen, die von Wörtern aktiviert werden (rot/weiß), die gesehen oder gehört werden.

Kaspar Hauser
war ein Findelkind rätselhafter Herkunft, das Anfang des 19. Jahrhunderts lebte. Als er gefunden wurde, konnte er kaum richtig sprechen. Wie sich herausstellte, war er in einem Verlies festgehalten und von aller menschlichen Gesellschaft ferngehalten worden.

Gebärdensprache verständigen, lernen diese als ihre Muttersprache.

Die Fähigkeit zu sprechen, spiegelt eine ungeheure geistige Leistung des Gehirns wider: Wir verstehen und bilden durchschnittlich drei Wörter pro Sekunde, haben Hirnforscher gemessen. Was uns als einheitlicher Vorgang erscheint, ist in Wirklichkeit ein kompliziertes Zusammenspiel verschiedener Hirnregionen.

Das Gehirn koordiniert die vielen Zutaten, die wir in einem Gespräch mit anderen brauchen: die passenden Wörter zu finden und die Regeln, nach denen sie zu Sätzen kombiniert werden (Grammatik). Das Wort „Tisch" hätte für uns keinen Sinn, wenn wir nicht das entsprechende Symbol im Kopf gespeichert hätten. Das englische Wort für Tisch („table") können wir erst verstehen, wenn wir es unter demselben Symbol abspeichern.

Eine weitere Zutat zum Sprechen ist die gefühlsmäßige Färbung unserer Stimme. Mal reden wir im fröhlichen Tonfall, ein anderes Mal in einem traurigen, je nachdem in welcher Stimmung wir sind. Wenn du vor der Klasse ein Referat vortragen sollst, möchtest du vielleicht möglichst sachlich sprechen. Falls du aufgeregt bist, kann man das wahrscheinlich an deiner Stimme hören, obwohl du das am liebsten verbergen würdest.

Welche Hirnregionen beteiligen sich an der Sprache?

Die verschiedenen Zutaten des Sprechens und Verstehens stammen aus unterschiedlichen Gebieten unseres Gehirns. Der Prozess des Sprechens ist etwas anderes als das Erkennen von Wörtern und ihrer Bedeutung. Dafür arbeiten unterschiedliche Hirngebiete. Welche das sind, hat man schon vor mehr als 150 Jahren versucht herauszufinden. Auf die Spur der Sprachzentren kamen Mediziner durch Patienten, die einen Schlaganfall erlitten hatten. Diese lassen sich in zwei Gruppen aufteilen. Die einen können zwar gut verstehen, was andere sagen, aber ihnen selbst fällt das Sprechen äußerst schwer.

Sie antworten nur mit Mühe und können die einfachsten grammatikalischen Regeln nicht mehr anwenden. So sagen sie statt „Ich möchte eine Tasse Kaffee" etwa „möchten Kaffee".

Als der französische Chirurg Paul Broca die Gehirne solcher Patienten nach ihrem Tod untersuchte, entdeckte er eine charakteristische Verletzung in einem bestimmten Bereich. Das ist die motorische Sprachregion, die nach ihrem Entdecker auch Broca-Region genannt wird. Andere Patienten sprechen dagegen viel und scheinbar fließend. Aber es klingt wirr, weil sie die Grammatik ebenfalls nicht mehr beherrschen. Auf eine simple Frage wie „Wo wohnen Sie?", würden sie ungefähr so antworten: „Ich kam hierher bevor hier und kehrte dorthin zurück". Solche Patienten hat der deutsche Neuropsychiater Carl Wernicke nach ihrem Tod untersucht und fand Schäden in einem anderen Hirnbereich. Das ist die sensorische Sprachregion, auch Wernicke-Region genannt, die im linken hinteren Schläfenlappen liegt. Sie erkennt die Wörter und entschlüsselt deren Bedeutung.

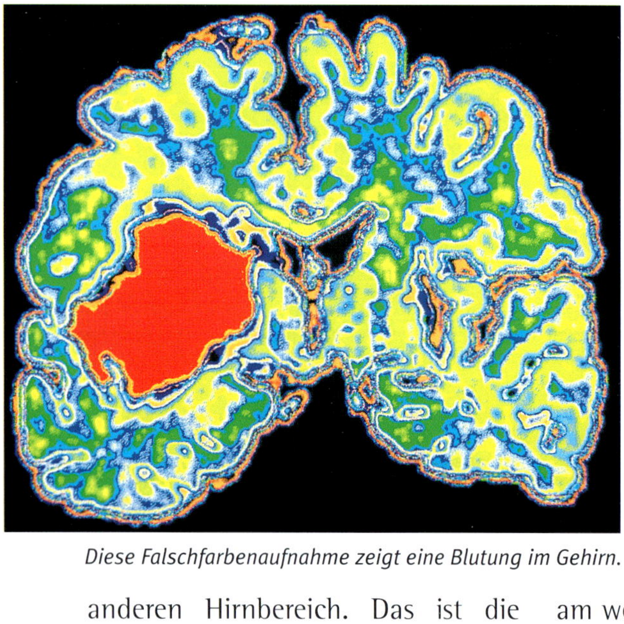

Diese Falschfarbenaufnahme zeigt eine Blutung im Gehirn.

Die Wortbildungssysteme im Gehirn – die motorische und die sensorische Sprachregion – sind auch wichtig bei Menschen, die scheinbar nicht sprechen können: bei Gehörlosen. Sie sprechen zwar nicht mit ihrer Stimme, aber sie können sich mit der Gebärdensprache verständigen. Falls bei einem Gehörlosen ein Sprachzentrum im Gehirn geschädigt wird, z.B. durch einen Unfall oder einen Schlaganfall, verliert auch er seine Sprache. Er sieht die Zeichen, aber er versteht deren Bedeutung nicht mehr.

Können Tiere sprechen?

Mit ihren Artgenossen können sich Tiere sehr gut verständigen: ein Hund mit anderen Hunden, Katzen mit anderen Katzen, Kaninchen und Meerschweinchen jeweils untereinander. Selbst Fische geben Signale von sich, die wir im Aquarium beobachten können. Wenn ein Fisch mit gespreizten Flossen schnell auf einen anderen zuschwimmt, bedeutet das etwa: „Platz da, jetzt komm' ich!" Nur verstehen können wir Tiere bzw. ihre Lautäußerungen nicht.

Die meisten Tiere haben keine Sprache in unserem Sinne, mit komplizierten Lauten und einer festgefügten Grammatik. Damit steht der Mensch so ziemlich allein da. In sprachlicher Hinsicht am weitesten entwickelt sind unsere nächsten lebenden Verwandten, die großen Menschenaffen. Das sind die Schimpansen, Bonobos („Zwergschimpansen"), Gorillas und Orang-Utans. Dass sie nicht wie wir mit ei-

Schlaganfall

Bei einem Schlaganfall wird ein Teil des Gehirns nicht mehr genug durchblutet, weil sich ein Blutgefäß verengt oder verstopft. Aus Mangel an Sauerstoff und Nahrung stirbt das Gewebe ab.

Eine andere schwere Verletzung ist eine Blutung, bei der ein Blutgefäß im Gehirn platzt.

Sprachzentren

Bei den meisten Menschen liegen die Sprachzentren in der linken Hirnhälfte, aber nicht bei allen: Bei einem Drittel der Rechtshänder und einem Drittel der Linkshänder liegen sie in der rechten Hemissphäre.

Bonobos gelten aufgrund der großen Übereinstimmung der Erbanlagen als unsere allernächsten Verwandten unter den Menschenaffen. Die „Zwergschimpansen“ sind weder kleiner noch leichter als die übrigen Schimpansen. Aber sie haben feinere Gesichtszüge, und ihr Körper wirkt graziler.

Sprachgewandter Vetter

Der Star unter den sprechenden Affen heißt Kanzi, ein Bonobo. Er lernte die Kunstsprache wie ein Kind nebenbei, während seine Mutter unterrichtet wurde. Kanzi erkannte nach fünf Monaten eine grammatikalische Regel, die sich Kinder zwischen dem ersten und zweiten Lebensjahr aneignen: Er kombinierte eine Tätigkeit (Verb) mit einem Gegenstand (Objekt). „Verstecken Erdnuss“ tippte er beispielsweise in seine Tastatur oder „Beißen Tomate“. Kanzi lernte nicht nur weitere Regeln, sondern erfand auch eigene.

Der Schimpanse Nim lernt von seiner Trainerin das Zeichen für „Getränk“.

ner Stimme sprechen, hat körperliche Ursachen. Die Menschenaffen können aber die Gebärdensprache erlernen, mit der sich gehörlose Menschen verständigen.

In dieser Zeichensprache haben amerikanische Wissenschaftler erstaunliche „Dialoge“ mit Affen geführt. Zum Beispiel hat die Forscherin Francine Patterson mit dem Gorillaweibchen Koko folgendes Gebärdengespräch aufgezeichnet: “Was tun Gorillas am liebsten?“ Kokos Antwort: „Gorilla lieben essen gut.“ – „Was macht dich glücklich?“ Antwort: „Gorilla Baum.“ – „Was tun Gorillas, wenn es dunkel ist?“ Koko: „Gorilla lauschen (Pause), schlafen.“ Die rund 30 Jahre alte Äffin beherrscht mehr als tausend Zeichen der Gebärdensprache, wovon sie über 500 regelmäßig anwendet. Darüberhinaus versteht sie sogar mehrere tausend Wörter in gesprochenem Englisch.

Ungeachtet solcher erstaunlichen Leistungen ist es in der Wissenschaft umstritten, ob Menschenaffen unsere Sprache und Grammatik wirklich verstehen. Die einen verneinen das absolut. Andere unterscheiden dagegen verschiedene Entwicklungsstufen von Mensch und Affe. So zwei Forscherinnen, die das äffische Sprachvermögen genauer untersuchen, als es mit der Zeichensprache möglich ist. Sie verwenden eine Kunstsprache, die sich nicht über Gebärden mitteilt, sondern über geometrische Figuren (Symbole) auf einer Computertastatur. Das verhindert, dass die gelehrigen Tiere die Gesten der Menschen einfach „nachäffen“ bzw. ungewollt von ihnen beeinflusst werden. Das könnte die Ergebnisse verfälschen. Die beiden Forscherinnen sagen nicht, dass Affen eine Sprache haben. Sie fragen allerdings, ob ein einjähriges Kind eine Sprache hat oder ein fünfjähriges?

Die Alzheimer Krankheit zerstört ganze Hirnbereiche und führt zu geistigem Verfall, Sprachstörungen und Vergesslichkeit.

Epilepsie ist eine in Anfällen auftretende Gehirnkrankheit, bei der es zu Krämpfen kommt.

Kinder, die unter Autismus leiden, wirken oft wie von der Außenwelt abgekapselt.

Hirnstörungen

Wie äußern sich Fehlfunktionen des Gehirns?

Es gibt eine ganze Reihe von Krankheiten oder Behinderungen, die auf Störungen im Hirn bzw. im Nervensystem beruhen. Die Gründe dafür sind vielfältig: ein Fehler in den Erbanlagen, Gehirnschädigungen bei der Geburt, eine Infektion, ein Unfall, Krebsgeschwür (Tumor) oder Schlaganfall.

Zu den Krankheiten, die unter anderem durch Fehler im Erbgut hervorgerufen werden, gehören Alzheimer, Schüttellähmung (Parkinson) und einige Formen der Epilepsie. Besonders schwierig ist die Ursachenforschung bei seelisch-geistigen Erkrankungen. Zum Beispiel bei anhaltend tiefer Niedergeschlagenheit (Depression), gespaltener Persönlichkeit (Schizophrenie), speziellen Ängsten (Phobien) etwa vor Spinnen oder bei Suchtkrankheiten. Wahrscheinlich handelt es sich um mehrere Ursachen, die sich gegenseitig beeinflussen.

Je nachdem, in welchem Bereich des Hirns Gewebe zerstört wurde, leiden die Patienten an charakteristischen Symptomen. Manche verlieren einen Teil ihres Gedächtnisses, andere haben Schwierigkeiten beim Sprechen, Schreiben oder Lesen. Einige der Betroffenen erkennen bekannte Gesichter nicht mehr, auch nicht die der eigenen Familie. Oder sie vergessen eine Seite ihres Körpers, etwa beim Kämmen oder Rasieren. Mit Hilfe moderner Technik erkennen Wissenschaftler den Ort der Verletzung im Denkorgan inzwischen auf den Millimeter genau. Eine winzige Störung in einem entscheidenden Bereich kann weitreichende Folgen wie Gedächtnisverlust haben. Abgestorbenes Hirngewebe ist in der Regel nicht ersetzbar. Wenn man Glück hat, wird dessen Funktion von gesunden Regionen im Gehirn übernommen.

Autismus

Ein Mädchen namens Nadia wurde Ende der 70er Jahre des 20. Jahrhunderts in der Wissenschaft bekannt. Sie malte außergewöhnlich schöne Bilder. Schon im Alter von dreieinhalb Jahren konnte sie zum Beispiel Tiere naturgetreu und mit verblüffenden Details zeichnen. Nadia ist Autistin. Das heißt, sie scheint ihre Umgebung kaum wahrzunehmen. Zumindest verhält sie sich so. Sie lernte nicht normal sprechen. Was sie sagt, klingt ausdruckslos, ohne Gefühlsregungen. Weitere Symptome von „Autismus" sind zwanghafte und einförmige Bewegungen. Wahrscheinlich liegt diesem Phänomen eine Fehlfunktion im Gehirn zugrunde. Die Art der Störung ist noch nicht gefunden.

Schizophrenie

Manche Menschen hören Stimmen, die kein anderer hören kann. Sie werden von den Stimmen beschimpft, erhalten Befehle oder glauben, dass Außerirdische zu ihnen sprechen. Solche Menschen leiden unter einer gespalteten Persönlichkeit; man nennt diese Krankheit Schizophrenie. Nun haben Hirnforscher herausgefunden, dass ein bestimmter Bereich im Gehirn stärker durchblutet ist, wenn solche Sinnestäuschungen auftreten. Es handelt sich um die „primäre Hörrinde", in der die Informationen aus den Ohren weiterverarbeitet werden. Das Gehirn eines Schizophrenen kann offenbar nicht unterscheiden zwischen Stimmen, die von außen kommen und solchen, die im Kopf entstehen.

Was ist Epilepsie und was hilft dagegen?

Mehr als eine halbe Million Menschen in Deutschland leiden unter Epilepsie. Diese Krankheit zeigt sich in krampfartigen Anfällen, bei denen die Betroffenen für eine oder mehrere Minuten die Kontrolle über ihre Muskeln verlieren. Manchmal beißen sich Epileptiker ungewollt auf die Zunge oder fallen hin. Ein anderes Krankheitsmerkmal ist plötzliche Teilnahmslosigkeit (Apathie). Je nach Schwere der Krankheit treten solche Anfälle mehrmals im Jahr bis mehrmals am Tag auf. Die Ursache ist oft ungeklärt. Nur in manchen Fällen kennt man den Grund: entweder ein Erbfehler oder Hirntumor, eine Infektion oder eine Verletzung des Gehirns. Was bei einem epileptischen Anfall im Kopf passiert, lässt sich mit einem Gewitter vergleichen: eine unkontrollierte Erregung von Nervenzellen, die sich immer weiter ausbreitet und schließlich in Salven elektrischer Impulse entlädt.

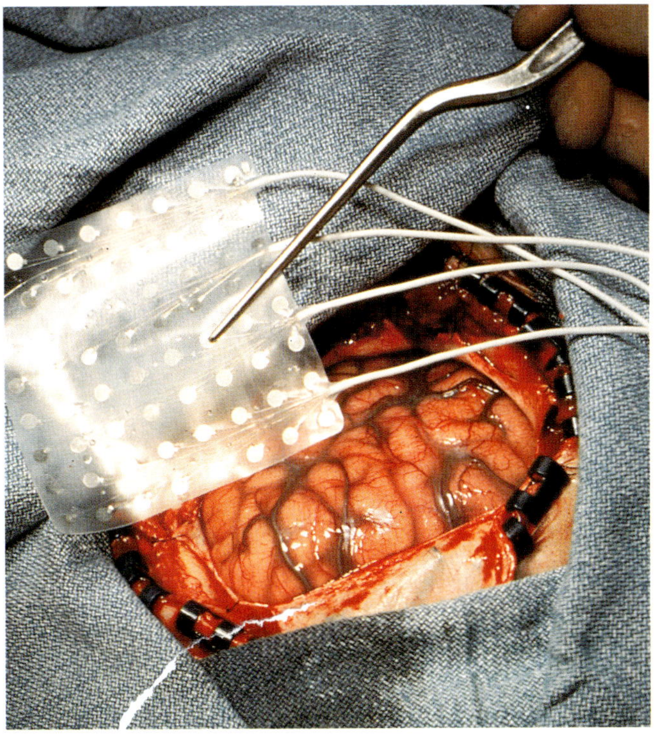
Eine Operation bei geöffneter Schädeldecke.

Zwei Drittel aller Patienten können dagegen mit Medikamenten behandelt werden. Einige Patienten, bei denen das nicht hilft, werden operiert. Mit einem speziellen Verfahren (PET, siehe Seite 45) ortet der Chirurg die genaue Lage der Nervenzellen, die „verrückt spielen" und entfernt das Gewebe durch die geöffnete Schädeldecke. Das geht nur, wenn sich der Krisenherd exakt eingrenzen lässt und nicht zu groß ist. Die Erfolgsquote liegt dann bei 80 Prozent.

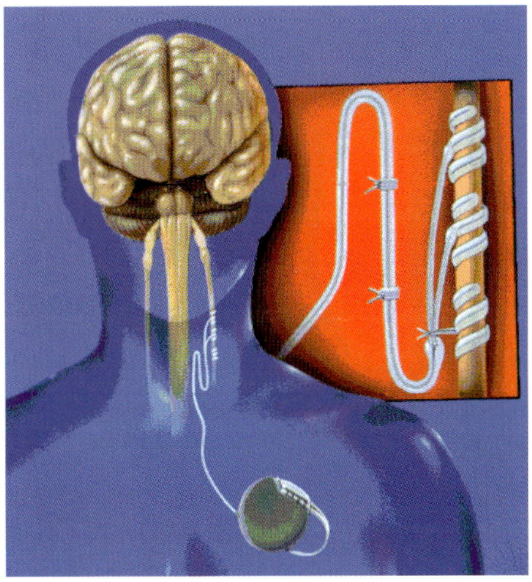
Mit einem Hirnschrittmacher kann Epilepsiepatienten geholfen werden.

Inzwischen wird für das Gehirn ein Schrittmacher erprobt. Das ist ein kleines Metallgerät, das einen schwachen Strom aussenden kann. Von außen ähnelt der Hirnschrittmacher einer Taschenuhr. Er wird dem Patienten in den Brustkorb gepflanzt und über einen Draht mit dem Hirnnerv verbunden, der an der linken Seite den Hals hinabläuft. Der Strom, den das Gerät alle fünf Minuten für etwa 30 Sekunden aussendet, gelangt über den Nerv ins Gehirn. Dadurch können die epileptischen Anfälle verhindert werden. Warum das funktioniert, ist noch nicht klar. Genauso wenig wie die Frage, warum das nicht immer funktioniert. Weltweit tragen mehr als 4000 Epilepsiekranke so einen Schrittmacher; davon 75 Patienten in Deutschland. Bei gut einem Drittel der Betroffenen verringerte sich die Zahl der Anfälle immerhin um die Hälfte. Der Schrittmacher trägt oft dazu bei, dass die Anfälle schwächer werden.

Wie verändert sich das Gehirn im Alter?

Auch wenn das menschliche Gehirn wie jedes andere Organ einem Verschleiss unterliegt, bedeutet Älterwerden nicht automatisch, dass die geistigen Fähigkeiten verfallen. Der irische Schriftsteller George B. Shaw schrieb zum Beispiel noch mit über 90 Jahren Theaterstücke. Mit zunehmendem Alter erlahmt die Leistungsfähigkeit in bestimmten Hirnregionen. Die geistigen Fähigkeiten nehmen aber nur dann ab, wenn die Abbauprozesse übermäßig gehäuft auftreten.

Im Alter von 50 bis 60 Jahren beginnt das Gehirn kleiner und leichter zu werden. Das Gewicht reduziert sich beispielsweise von 1500 Gramm im Alter von 25 Jahren auf 1100 Gramm bei einem Menschen mit 95 Jahren. Das liegt daran, dass die Zahl der Nervenzellen und Verbindungen zurückgeht. Außerdem schrumpfen bestimmte Zellen. Die Abbauprozesse gelten nicht für alle Hirnregionen gleichermaßen. Besonders betrifft das Teile des Gehirns, die für Bewegung zuständig sind. Bei Menschen, die unter der verheerenden Alterskrankheit, der Parkinson-Krankheit, leiden, können 70 Prozent dieser Zellen zerstört sein. Die typischen Symptome zeigen sich in gebeugter Körperhaltung, schlurfendem Gang und im unkontrollierten Schütteln von Armen und Kopf. Ebenfalls betroffen ist das limbische System, das wichtig ist für Lernen, Gedächtnis und Gefühle. Es büßt im Alter seine Geschmeidigkeit ein, wie auch Bereiche, die planvolles Handeln und andere geistige Fähigkeiten ermöglichen.

Trepanation
Schon in der Steinzeit waren Gehirnoperationen bekannt. Das schließen Forscher aus Schädeln dieser Zeit, in die Löcher gebohrt waren. So eine Methode, mit der Chirurgen noch heute die Schädelkapsel aufklappen, um am Gehirn zu operieren, nennt man Trepanation.

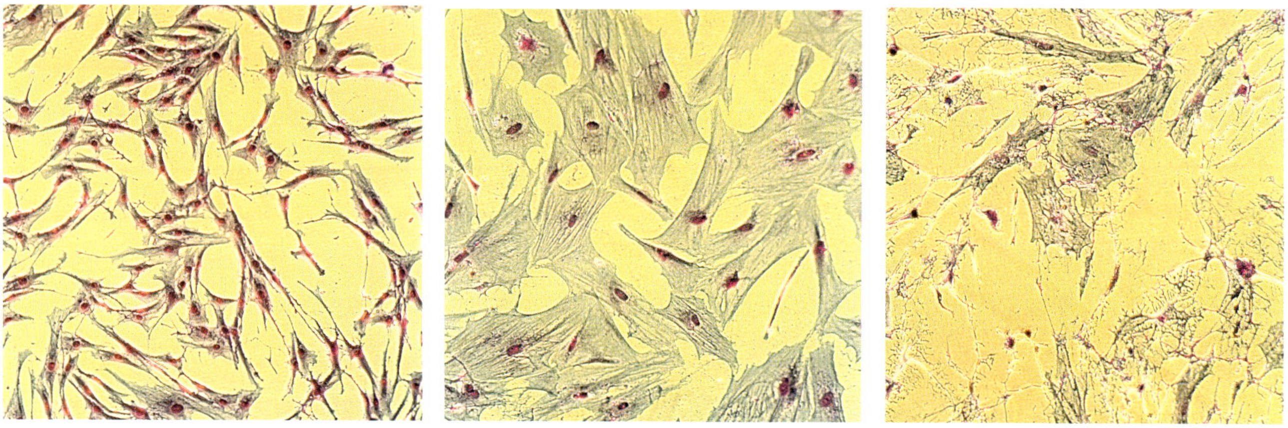

Bei älteren Menschen geht die Zahl der Hinrzellen und deren Verknüpfungen langsam zurück.

Was bedeutet Alzheimer?

Alzheimer ist eine Krankheit, die das Gehirn befällt und dort einen schleichenden Verfall bewirkt. Teile des Hirns bilden sich langsam, aber unaufhaltsam zurück. Mit der Zeit wirkt sich das auf den ganzen Körper aus.

Alois Alzheimer
(1864-1915) war ein deutscher Neurologe und Psychiater, der als erster den Altersschwachsinn erforschte.

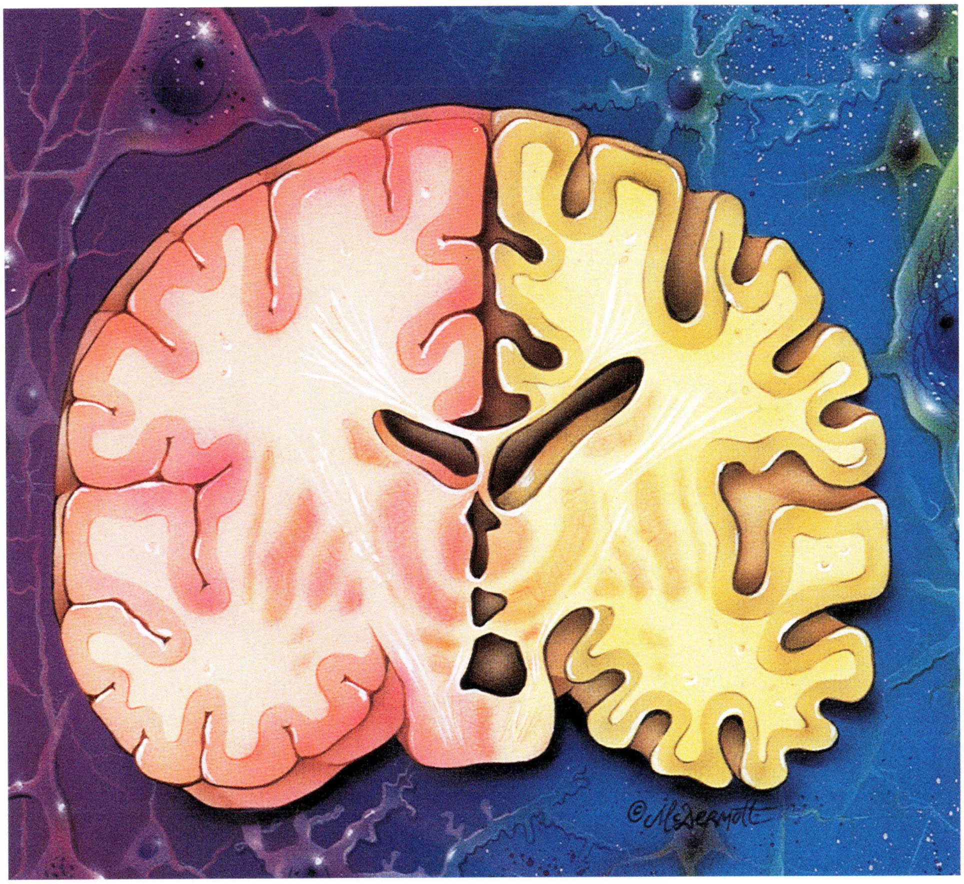

Der Querschnitt durch das Gehirn zeigt links eine gesunde Hälfte und rechts eine mit Alzheimer. Die zahlreichen Dunkelfärbungen rechts weisen auf eine Beeinträchtigung der Gehirnaktivität hin.

Hirnoperation

Chirurgen haben eine Methode entwickelt, um einen Tumor im Gehirn bei einer Operation besser vom umliegenden Gewebe unterscheiden zu können. Bevor die Ärzte zum Skalpell greifen, bekommt der Patient eine bestimmte Substanz verabreicht, die sich bevorzugt in Geschwüren ansammelt und eine

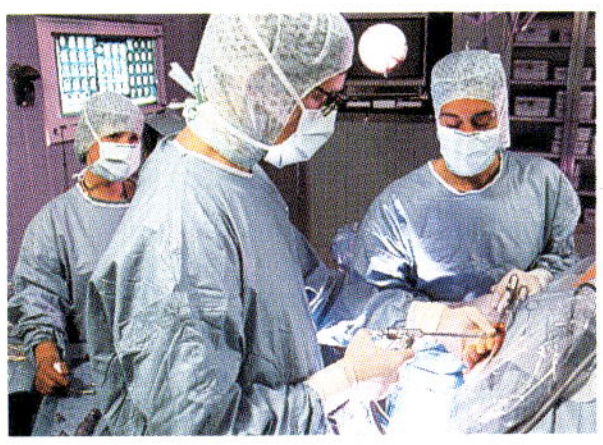

Färbung hervorruft. Der Farbunterschied markiert deutlich die Grenze zwischen gesundem und krankem Gewebe, so dass die Operateure es sauber entfernen können.

Weltweit suchen Wissenschaftler nach den Ursachen dieser Krankheit sowie nach Behandlungsmethoden. Trotz jahrelanger Forschung haben sie weder das eine noch das andere gefunden.

Diese Krankheit führt unweigerlich zum Tod. Wie lange das dauert, ist bei jedem Patienten anders: Es können wenige Jahre sein oder mehr als fünfzehn. Der Durchschnitt liegt bei sieben Jahren. In Deutschland leiden rund eine Million Menschen an Alzheimer. Es betrifft mehrheitlich über 65-Jährige. Manchmal erkranken auch 40- bis 50-Jährige.

Vermutlich gibt es nicht einen, sondern verschiedene Gründe für die Krankheit. Charakteristisch sind abnorme Ablagerungen im Gehirn, die man Knoten oder Plaques nennt. Sie bestehen aus einem bestimmtem Eiweiß („Beta-Amyloid"), das fehlerhaft abgebaut wird. Vielleicht bewirken die Knoten ein Absterben des Nervengewebes. Alzheimer verläuft in mehreren Stadien, in denen sich der Zustand der Patienten immer weiter verschlechtert.

Es beginnt mit kleineren Gedächtnislücken und Stimmungsschwankungen. Die Lern- und Reaktionsfähigkeit verlangsamt sich. Diese Symptome treten auch in anderen Zusammenhängen auf und bedeuten nicht zwangsläufig Alzheimer. Nur der Arzt kann feststellen, ob es sich um diese gefürchtete Krankheit handelt. Denken und Sprechen fällt dem Betroffenen immer schwerer. Der Patient wird zunehmend hilfebedürftig und braucht bald ganztägige Betreuung.

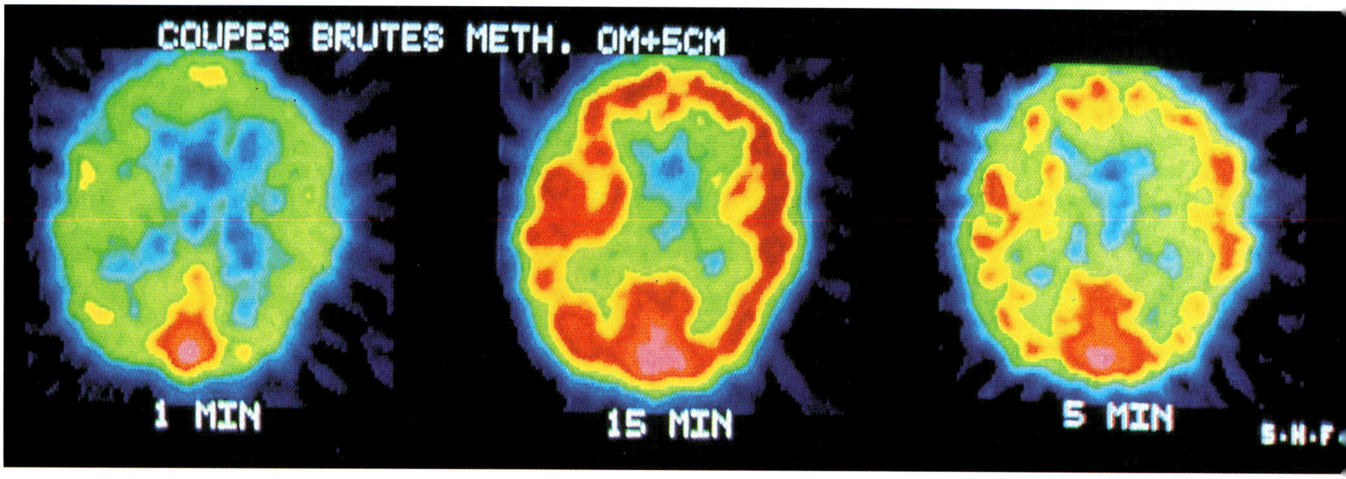

Heute vermag man Menschen beim Denken ins Gehirn zu schauen. Diese Bilder zeigen die Aktivität verschiedener Hirnregionen. Aufgenommen wurden sie mit einer speziellen Technik, der Positronen-Emissions-Tomographie (PET).

Das Hirn in der Forschung

Kann man dem Gehirn beim Denken zusehen?

Die Hirnforschung hat eine Reihe von Verfahren entwickelt, die eine genauere Beobachtung der Prozesse in unserem Denkorgan ermöglichen. Während man früher mit dem Hirnstrombild (EEG) nur die elektrische Aktivität ableiten konnte, eröffnen moderne bildgebende Verfahren den Blick nach innen – am lebendigen Menschen.

Er wird dabei weder mit Röntgenstrahlen noch mit Chemikalien („Kontrastmitteln“) belastet. So kann man freiwilligen Versuchspersonen verschiedene Aufgaben stellen wie Bilder ansehen, Musik hören oder einen Text lesen. Währenddessen wird um die Testperson herum ein starkes Magnetfeld erzeugt. Das Gehirn reagiert darauf mit einem „eigenen“ Magnetfeld, das man messen kann. Es ist nicht überall gleich, sondern am stärksten dort, wo besonders viele Nervenzellen aktiv sind. Die brauchen dann mehr Sauerstoff, weshalb verstärkt sauerstoffreiches Blut dorthin fließt.

Mit einer bestimmten Methode, der funktionellen Kernspintomographie (kurz fMRT), lassen sich vom Gehirn Bilder herstellen, auf denen die einzelnen Hirnregionen räumlich gut voneinander zu trennen sind. Per Computer werden die unterschiedlich starken Signale in Farben umgesetzt. Die intensiven Farben markieren die jeweils aktiven, stark durchbluteten Hirnregionen.

Solche Bilder zeigen deutlich, dass „Sehen“ woanders verarbeitet wird als „Hören“. Wenn die Versuchsperson nicht nur Töne hört, sondern auch etwas Gesprochenes, werden weitere Teile der Großhirnrinde aktiv. Soll ein Mensch sich einzelne Sätze anhören, mobilisiert das die Zellen im hinteren Schläfenlappen (sensorische Sprachregion) und in beiden Scheitellappen. Wenn die Versuchsperson da-

FRÜHER HIRNFORSCHER

Leonardo da Vinci war ein Universalgelehrter der Renaissance, zu dessen vielen Interessensgebieten auch die Anatomie gehörte. Leonardo da Vinci sezierte im Geheimen Leichen, um seine Kenntnisse

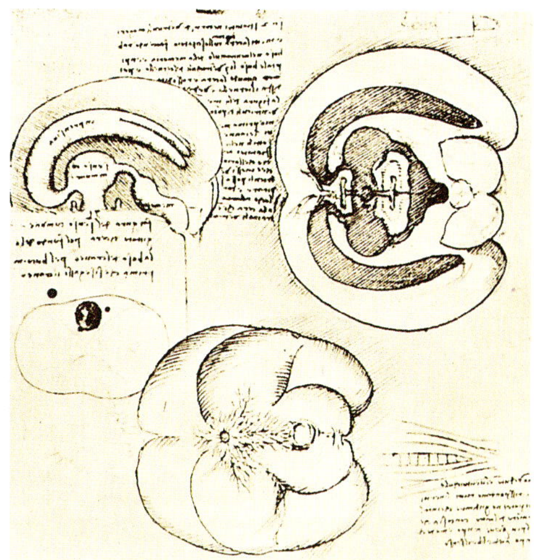

zu erweitern, und fertigte zahlreiche Skizzen an – so über das Gehirn (oben). Als erster entdeckte er die Gehirnkammern, als er den Schädel eines Ochsen mit Wachs ausgoss.

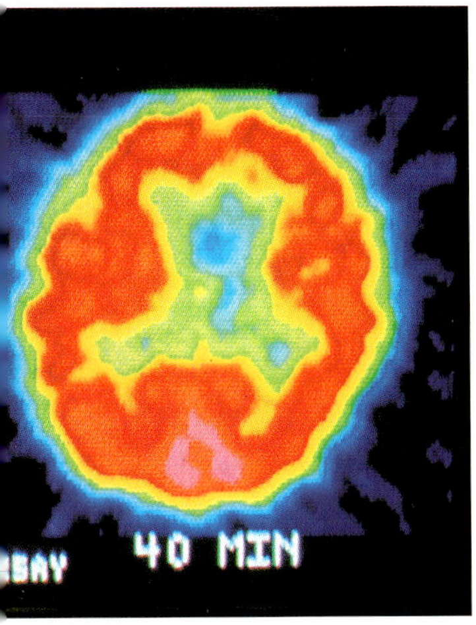

gegen über die Bedeutung der gehörten oder gelesenen Worte nachdenken soll, beteiligt sich die motorische Sprachregion im linken Stirnlappen.

Die Kernspintomatographie (NMR) ist mittlerweile ein medizinischen Routineverfahren, mit dem zum Beispiel untersucht wird, ob jemand einen Hirntumor hat. Der Patient liegt dafür in einem tunnelartigen Apparat, während bestimmte Bereiche seines Gehirns abfotografiert werden.

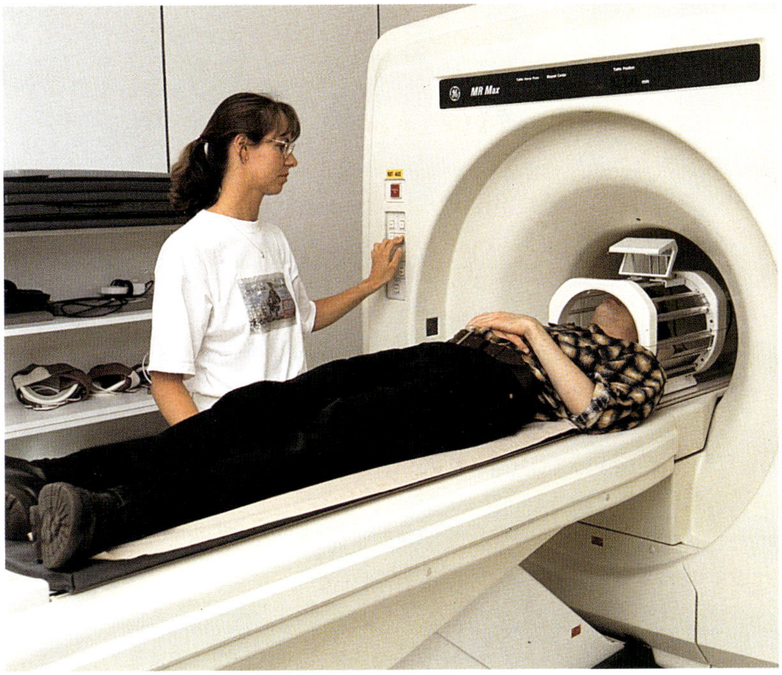

Auf einem Gleittisch rückt der Patient durch einen Scanner, der Schnittbilder des Gehirns anfertigt. Das Bild erscheint auf einem Bildschirm.

Bei der PET (Positronen-Emissions-Tomographie) bekommen freiwillige Versuchspersonen eine Substanz verabreicht, die radioaktiv markiert ist. Über das Blut gelangt sie ins Gehirn und verteilt sich unterschiedlich. Die Hirnregionen, die durch Testaufgaben besonders gefordert werden, sind stärker durchblutet, weil dort mehr Stoffwechselenergie verbraucht wird. Die von außen gemessene Strahlung ist dementsprechend höher.

Wie können vollständig Gelähmte wieder schreiben?

Der britische Astrophysiker Stephen Hawking leidet an einer schweren Krankheit, die ihn an den Rollstuhl fesselt. Er ist gelähmt und kann nicht mehr sprechen. Durch die Krankheit, die abgekürzt ALS heißt, schrumpft das Rückenmark. Deshalb kann das Hirn keine Bewegungsimpulse in die Muskeln schicken. Mit der Zeit verlieren die Betroffenen die Kontrolle über ihren ganzen Körper. Die Muskeln verkümmern, was nach mehreren Jahren zum Tode führen kann.

Bei Hawking schreitet der Muskelverfall sehr langsam voran, und er kann noch einen Muskel seiner Hand bewegen. Das reicht gerade, um die Maus eines Spezialcomputers zu steuern. Auf dem Bildschirm wählt der Physiker aus einer Liste Worte aus und setzt sie zu Sätzen zusammen. Nur auf diese mühsame Art und Weise kann er seine Gedanken mitteilen und Texte für Vorträge und Bücher schreiben.

Es gibt aber Menschen, die unter ALS oder einer anderen Krankheit leiden, wodurch sie nicht mal mehr einen Muskel ihrer Hand bewegen können. Forscherteams in den USA und Europa arbeiten daran, auch diesen Menschen den Kontakt zu ihrer Umwelt zu ermöglichen. In Tübingen hat eine Gruppe von Wissenschaftlern ein höchst erstaunliches Verfahren entwickelt: Die Patienten übertragen – grob vereinfacht – ihre Gedanken auf einen Computer, und der führt ihre Befehle aus. Dafür wird die elektrische Aktivität im Kopf mittels Hirnstrombild (EEG) abgeleitet und über einen Verstärker in den Computer gespeist. Sie wird in Form eines Symbols – z.B. eines

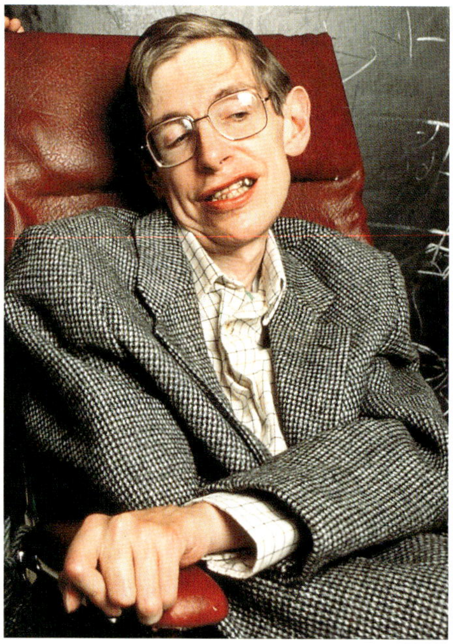

Der Astrophysiker Stephen Hawking kann sich nur mit Hilfe eines Spezialcomputers mitteilen.

Balls – auf dem Bildschirm sichtbar gemacht. Dort befinden sich außerdem zwei Tore: eins oben, eins unten. Wenn bestimmte Gehirnregionen erregt sind, fliegt der Ball ins obere Tor. Sind sie gehemmt, landet der Ball im unteren Tor. So kann der Patient seine eigenen Hirnströme beobachten, als wäre es ein Fußballspiel im Fernsehen.

Das Wichtigste aber ist: Der Gelähmte lernt, den Ball kraft seines Willens zu steuern. Ein Therapeut bittet den Betroffenen, den „Ball" – also seine eigenen Hirnströme – mal ins obere und mal ins untere Tor zu „schießen". Dazu muss er sein Hirn mal mehr, mal weniger aktivieren. Das erfordert viele Stunden Training. Aber nach mehreren Wochen oder Monaten schafft es fast jeder Patient, seine Hirnwellen so zu kontrollieren. Wie das geschieht, ist bei jedem Menschen anders, weil jeder seine eigene Denkstrategie hat. Später dient der Ball als Cursor, mit dessen Hilfe man am Bildschirm Sätze oder Buchstaben auswählen und zum Beispiel schreiben kann. Obwohl das Stunden dauert, bedeutet es für die Gelähmten einen gewaltigen Fortschritt, um ihr Eingeschlossensein zu durchbrechen. Über Symbole auf dem Bildschirm können sie auch das Licht ein- oder ausschalten und den Fernseher bedienen.

Kann man das Gehirn mit einem Computer vergleichen?

Zwischen Computer und Gehirn scheint es große Ähnlichkeiten zu geben: Beide verarbeiten Informationen, und in beiden finden komplizierte Rechenprozesse statt. Bildlich betrachtet könnte man die Festplatte eines Computers mit dem Gehirn vergleichen. Geist und Seele würden dann den Programmen („Software") entsprechen. Dieser Vergleich stimmt aber nur auf den ersten Blick. Bei-

Gehirn im Internet

Eine tolle Kinderseite über das Gehirn (allerdings auf Englisch) bietet:
http://faculty.washington.edu/chudler/neurok.html

Eine Einstiegsseite mit vielen Links bietet:
http://www.neuroguide.com

Vollständig Gelähmte können lernen, ihre Gedanken über Hirnströme auf den Computer zu übertragen.

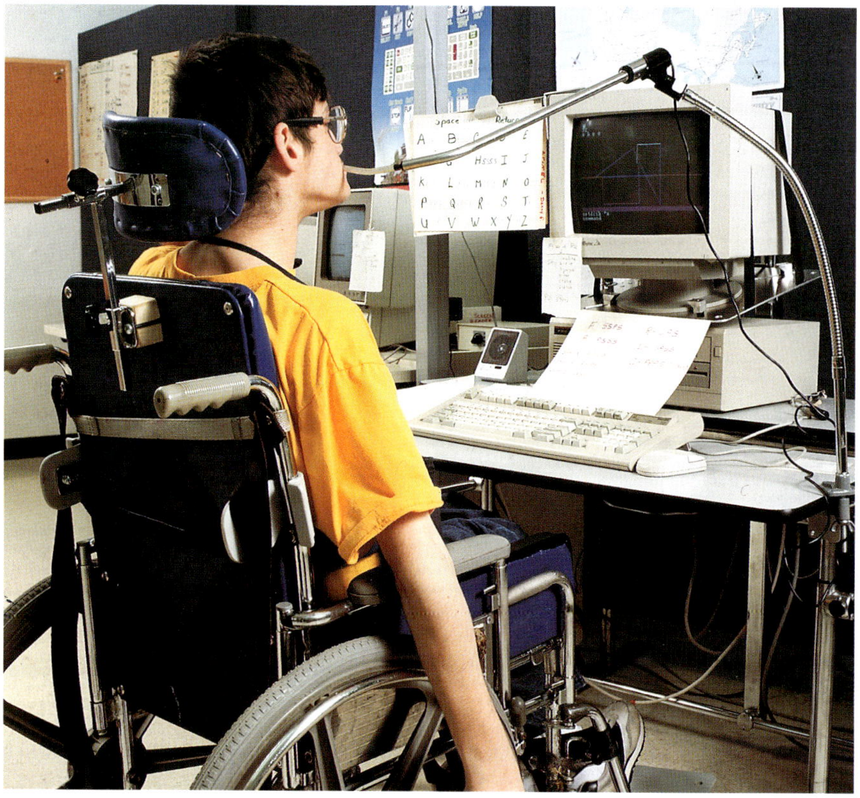

genauerer Betrachtung erkennt man die entscheidenden Unterschiede, ja sogar Gegensätze. Während ein Computer die Daten in einem zentralen Prozessor verrechnet, beteiligen sich im Gehirn alle Regionen an der Informationsverarbeitung. Das Hirn organisiert sich also dezentral. Es trennt auch nicht wie ein PC zwischen „Rechnen“ und „Speichern“. Statt nach einer strengen Hierarchie, in der Befehle nur von oben nach unten laufen, funktioniert unser Denkorgan eher in Teamarbeit. Es ist vergleichbar mit vielen kleinen Gruppen von Schülern, zwischen denen ein lebhafter Informationsaustausch herrscht.

Wissenschaftler haben für dieses Bild des Gehirns den Begriff von den „neuronalen Netzen“ geprägt. Das heißt, die Bausteine des Gehirns – die Nervenzellen (Neuronen) – bilden unzählige Verbindungen nach allen Seiten. Zu anderen Nervenzellen, die ihrerseits vielfach verknüpft sind. Die Knotenpunkte solcher Netze kommunizieren miteinander und verarbeiten Informationen parallel (gleichzeitig nebeneinander). Zwischen ihnen herrscht keine Kommandostruktur, sondern ein Wechselspiel von gegenseitiger Beeinflussung.

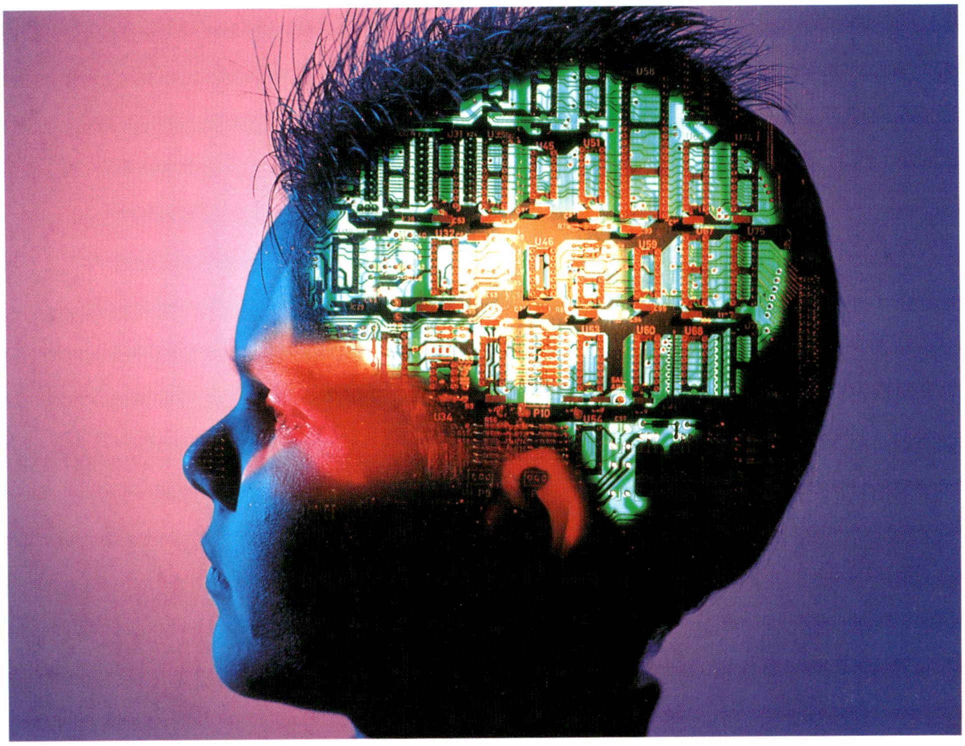

Informatiker träumen schon lange davon, einen Rechner zu bauen, der so leistungsfähig ist wie das menschliche Hirn. Doch je mehr Neurologen über unser Denkorgan herausfinden, desto schwieriger scheint es, dieses Ziel zu erreichen.

Die Verknüpfungen in so einem Netz sind nicht fest programmiert. Sie organisieren sich selbst. Im Gegensatz zu einem herkömmlichen Computer kann ein Nervennetz „aus Erfahrung lernen“. Unser Gehirn hat eine Geschichte, auf die es bei Bedarf zurückgreift. Mit dem Netzwerk-Gedanken nähert sich die Wissenschaft einem ganzheitlichen Bild vom Gehirn. Es hat ja keinen Sinn, einzelne Bestandteile isoliert voneinander zu untersuchen, wenn man dabei den Blick fürs „Ganze“ verliert. Denn: Das Ganze ist mehr als die Summe seiner Teilchen.

Spracherkennung

Zu den Bemühungen, Hirnleistungen durch Computer zu simulieren, gehört auch die Spracherkennung. Der aus dem Kopf in den Computer diktierte Text erscheint geschrieben auf dem Bildschirm. Die akustischen Signale (unten) werden digitalisiert und in Buchstaben umgewandelt.

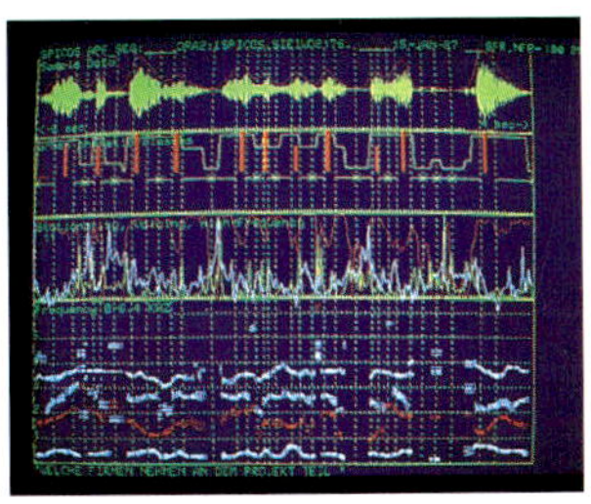

Wie weit sind Forscher mit der künstlichen Intelligenz?

Seit vielen Jahren versuchen Wissenschaftler, das Wechselspiel von Nervenzellen im Computer nachzubauen. Nach bescheidenen Anfängen haben sie inzwischen enorme Fortschritte gemacht. Im Labor konstruierte künstliche Wesen beginnen, die Arbeitswelt zu erobern. Im Dienste des Menschen werkeln sie an unwirtlichen Plätzen oder wiederholen bestimmte Handgriffe immer wieder – ohne zu ermüden: Roboter helfen, Autos zusammenzusetzen, spüren undichte Stellen in Abwasserrohren auf oder sammeln Daten in Vulkankratern.

Die Kunst-Geschöpfe erinnern an Insekten, Fische, Katzen oder Dinosaurier. Manchmal tragen sie auch menschliche Züge. Von der Komplexität natürlicher Hirnprozesse und menschlichem oder tierischem Verhalten sind sie jedoch weit entfernt. Während sie hochspezialisierte Tätigkeiten mühelos erledigen – bis hin zu Operationen am Menschen –, bereiten ihnen gerade die einfachen Dinge des Alltags Schwierigkeiten. Zumindest Dinge, die uns selbstverständlich erscheinen: in einem Gebäude von einem Zimmer ins andere gehen. Viel Tüftelei war nötig, bis der erste Roboter sich unfallfrei durch die Gänge eines Krankenhauses bewegte oder gar Treppen steigen gelernt hatte. Inzwischen kann ein Roboter Brot mit Butter beschmieren oder Bananen schälen.

Aber bis die Kunsthirne soweit programmiert waren, haben die Forscher viel Gehirnschmalz investiert. In Japan wird nun eine Roboterkatze namens „Robotoneko“ entwickelt. Das Hirn besteht aus fast 40 Millionen künstlichen Nervenzellen. Die sollen sich selbst miteinander vernetzen und lernen, sich wie eine Katze zu verhalten. Noch existiert Robotoneko nur als Reißbrettzeichnung, während ihr Kunsthirn bereits im Computer „gezüchtet“ wird. Als Augen sollen Minikameras dienen und Mikrofone als Ohren. Die Schnurrhaare werden durch Tastsensoren vertreten. Mit Hilfe von Elektromotoren in den Beinen soll sie laufen können und durch einen Tonerzeuger im Maul miauen.

Möglicherweise können Roboter bald das menschliche Lächeln erkennen – und zurücklächeln. Andere kleine Kunststückchen lernen sie vielleicht nie, die Kinder ziemlich bald beherrschen: die Schnürsenkel von Schuhen zu einer Schleife zu binden oder einen Schneemann zu bauen. So einfach das für den Menschen aufgrund seines hochentwickelten Gehirns ist – ein künstliches Denkorgan kommt da nicht mit. Das Wunderwerk der Natur hält also noch genügend Rätsel für Generationen von Forschern bereit.

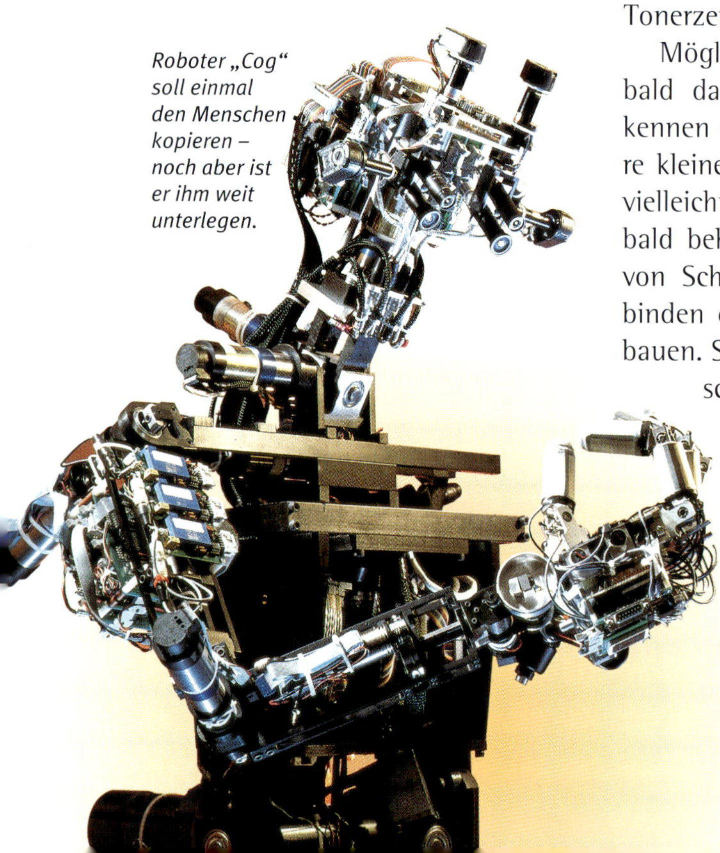

Roboter „Cog“ soll einmal den Menschen kopieren – noch aber ist er ihm weit unterlegen.

Kismet

In den USA basteln Wissenschaftler an einem Roboter mit Gefühl. „Kismet“, so heißt das kindlich wirkende Wesen mit Kulleraugen und großem

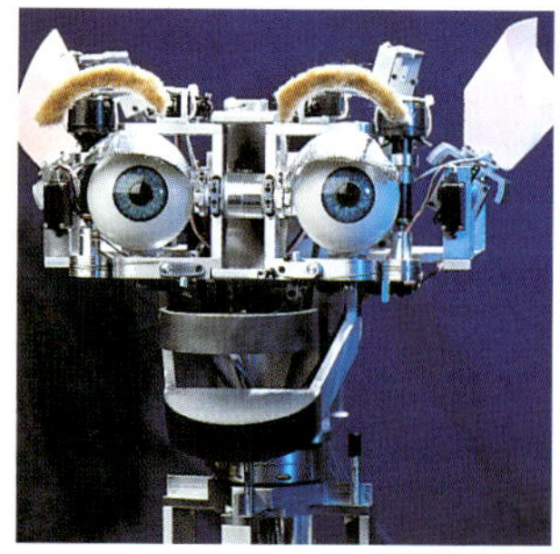

Mund. Kismet kann mit den Augen rollen und die Lippen bewegen. Er scheint sogar schon erste Gefühle zu zeigen. Mit Hilfe eines psychologisch geschulten Computerprogramms nimmt das Maschinengesicht den Ausdruck von Angst oder Freude, Erschrecken oder Ekel an.

Gehirn als Vorbild

Die Computertechnologie lernt von den Mechanismen der Hirnorganisation. Inzwischen gibt es Chips, die nicht mehr fest verdrahtet sind. Bei ihnen lassen sich die Schaltelemente mit Hilfe einer speziellen Software zu immer neuen Kombinationen verknüpfen. Das erleichtert es den Wissenschaftlern, das Wechselspiel zwischen Nervenzellen im Rechner nachzubilden.

WAS IST WAS
BAND 78
Münzen und Geld
Tessloff

WAS IST WAS
BAND 79
Moderne Physik
Tessloff

WAS IST WAS
BAND 80
Tiere wie sie sehen, hören und fühlen
Tessloff

WAS IST WAS
BAND 81
Die Sieben Weltwunder
Tessloff

WAS IST WAS
BAND 82
Gladiatoren
Tessloff

WAS IST WAS
BAND 83
Höhlen

WAS IST WAS
BAND 90
Der Regenwald

WAS IST WAS
BAND 91
Brücken
Tessloff

WAS IST WAS
BAND 92
Papageien und Sittiche

WAS IST WAS
BAND 93
Olympia
Vom Altertum bis zur Neuzeit
Tessloff

WAS IST WAS
BAND 94
SAMURAI
Ritter des Fernen Ostens
Tessloff

WAS IST WAS
BAND 95
Haie und Rochen
Tessloff

WAS IST WAS
BAND 102
Unser Kosmos
An den Grenzen von Raum und Zeit
Tessloff

WAS IST WAS
BAND 103
Demokratie
Tessloff

WAS IST WAS
BAND 104
Wölfe
Tessloff

WAS IST WAS
BAND 105
Weltreligionen
Tessloff

WAS IST WAS
Burgen

WAS IST WAS
BAND 107
Pinguine
Tessloff